AF614577

ISBN 978-3-662-23459-4 ISBN 978-3-662-25513-1 (eBook)
DOI 10.1007/978-3-662-25513-1

Die in den Sitzungsberichten Abt. I und Abt. II der math.-nat. Klasse der Österr. Akad. d. Wiss. erscheinenden Abhandlungen werden auch einzeln abgegeben. Sie können durch jede Buchhandlung oder direkt durch die Auslieferungsstelle der Österreichischen Akademie der Wissenschaften (Wien I, Singerstraße 12) bezogen werden.

Nachfolgende Abhandlungen aus dem Fache **Astronomie** sind erschienen:

1950 (1949) (S II a, Bd. 158):

Eichhorn H.: Über Funktionaldeterminante und Ausnahmefälle bei der Bahnbestimmung in der Ellipse (mit 1 Tafel), 11 Seiten. S 20.—

Ferrari d'Occhieppo K.: Himmelsmechanische Untersuchung über die hypothetischen Massen D und E im Algolsystem (mit 2 Tafeln), 31 Seiten. S 20.—

Hnatek A.: Über die Berechnung einer Sonnenuhr bei beliebiger Neigung und beliebigem Azimut der Uhrfläche (mit 7 Textfiguren), 14 Seiten. S 12.—

Pastor M.: Drei Feuerkugeln vom 19. August 1936, 32 Seiten. S 21.—

Wähnl Maria: Eine theoretische Untersuchung zur Entstehungshypothese der Sternhaufen (mit 2 Textfiguren), 32 Seiten. S 24.—

1950 (1950) (S II a, Bd. 159):

Haupt H.: Über Phasenkoeffizienten und Albedo der kleinen Planeten Ceres, Palls, Juno und Vesta, 20 Seiten. S 21.60

Nikoloff I.: Definitive Bahnbestimmung des Kometen 1936 III (Kaho-Kozik.-Lis), 17 Seiten. S 20.40

Pastor M.: Die Feuerkugel vom 4. Jänner 1945, $17^h 52^m$ MEZ., 22 Seiten. S 16.—

Socher H.: Die Polhöhe der Universitäts-Sternwarte Wien, 10 Seiten. S 8.60

Socher H.: Veränderliche Fundamentalsterne der „Potsdamer Durchmusterung" (mit 2 Abbildungen), 9 Seiten. S 7.20

1951 (S II a, Bd. 160):

Eichhorn H.: Die Genauigkeit einer Kreisbahnbestimmung, 15 Seiten. S 8.50

Schrutka-Rechtenstamm Erna: Definitive Bahnbestimmung des Kometen 1932 I, 25 Seiten S 19.80

Senftl E.: Definitive Bahnbestimmung des Kometen 1930 V (Forbes), 15 Seiten. S 13.60

1952 (S II a, Bd. 161):

Ferrari d'Occhieppo K.: Die Häufigkeitsfunktion der Sternmassen (mit 3 Abbildungen), 31 Seiten. S 22.50

Hopmann J.: Selenodätische Untersuchungen, 46 Seiten. S 23.90

Krumpholz H.: Beobachtungen von Kometen und von (433) Eros, 2 Seiten. S 2.20

Nikoloff I.: Photographische Positionen am Normal-Astrographen, 2 Seiten. S 2.20

Schütte K.: Galaktozentrische Bahnelemente von 1026 Fixsternen in der nächsten Umgebung der Sonne (mit 3 Abbildungen), 72 Seiten. S 27.—

Schrutka-Rechtenstamm G.: Definitive Bahnbestimmung des Kometen 1930 III, 21 Seiten. S 8.—

1953 (S II a, Bd. 162):

Eichhorn H.: Ein verkürztes Verfahren zur exakten Bestimmung von Schrauben- oder Skalenfehlern und Untersuchung des Töpferschen Meßapparates der Wiener Universitäts-Sternwarte (mit 1 Abbildung und 1 Tafel). S 21.50

Hopmann J.: Photometrie von 420 visuellen Doppelsternen. S 35.80

Hopmann J.: Beobachtungen der totalen Mondesfinsternis vom 30. Jänner 1953 auf der Universitäts-Sternwarte Wien (mit 4 Abbildungen). S 18.70

Hopmann J.: Photometrisch-kolorimetrische Beobachtungen von visuellen Doppelsternen. S 19.20

Schrutka-Rechtenstamm G.: Definitive Bahnbestimmung des Kometen 1932 V (Peltier-Whipple). S 29.40

Schütte K.: Galaktozentrische Bahnelemente von 1026 Fixsternen in der nächsten Umgebung der Sonne (mit 5 Abbildungen). S 27.—

Widorn Th.: Die athmosphärischen Verhältnisse bei astronomischen Beobachtungen in Wien (mit 7 Abbildungen). S 7.20

Katalog der galaktozentrischen Bahnelemente von 353 Sternen der Sonnenumgebung

Von

Winfried Petri (München)

(Vorgelegt in der Sitzung am 29. April 1954).

Zusammenfassung

Der im Jahre 1952 von K. Schütte veröffentlichte Katalog galaktozentrischer Bahnelemente von über 1000 Fixsternen wird hier durch Bearbeitung von weiteren 353 Sternen mit trigonometrischen Parallaxen $\geqq 0\overset{''}{.}030$ nach dem neuesten Stande ergänzt.

§ 1. Einleitung

Als der neue Generalkatalog trigonometrischer Parallaxen von Louise F. Jenkins ([5], im folgenden zitiert als Jenkins) erschien, hatte Karl Schütte die Berechnung der galaktozentrischen Bahnelemente von 1026 Fixsternen mit Parallaxen $\pi \geqq 0.030''$ [2] bereits druckfertig abgeschlossen. Es war zu erwarten, daß das Jenkins-Material diese Zahl noch merklich erhöhen würde, sofern es gelänge, die Radialgeschwindigkeiten möglichst vieler Sterne, deren Parallaxen erst jetzt bekannt geworden waren, in der Literatur nachzuweisen. Daher wurde zunächst ein Handexemplar des Jenkins-Kataloges durch Eintragung aller erreichbaren Radialgeschwindigkeiten ergänzt. Es fanden sich gegenüber Schütte [2] noch 332 Sterne mit $\pi \geqq 0.030''$ und bekannter Eigenbewegung μ und Radialgeschwindigkeit ρ. Mit diesem Material wurde die Ergänzung des Schütteschen Katalogs in Angriff genommen.

Kurz vor dem Abschluß der Rechnungen gelangte noch der neue Generalkatalog der Radialgeschwindigkeiten von Ralph E. Wilson ([6], im folgenden zitiert als Wilson) in unsere Hände. Damit wurden manche Daten ergänzt und berichtigt, und die Zahl der zu bearbeitenden Sterne erhöhte sich auf 353, da Wilson auch etliche bisher unbekannte Radialgeschwindigkeiten mitteilt. — Nunmehr dürften, zusammen mit den von Schütte selbst behandelten 1025 Sternen (Nr. 1022 der Liste [2] mußte nachträglich gestrichen werden [3, S. 23]), die Fixsterne der näheren Sonnenumgebung bis $\pi_t = 0.030''$ wirklich nach dem neuesten Stande so vollständig erfaßt sein, daß eine wesentliche Vermehrung des Materials in absehbarer Zeit nur dann zu erwarten ist, wenn die Radialgeschwindigkeitsprogramme des Südhimmels einen höchst wünschenswerten Aufschwung erfahren. Vielleicht darf auch die vorliegende Arbeit einen bescheidenen Impuls in dieser Richtung vermitteln.

§ 2. Grundlagen und Gang der Untersuchung

Für die Methode der genäherten Bestimmung galaktozentrischer Bahnelemente sei auf die Arbeit von K. Schütte [1] verwiesen. Es wurden die gleichen Formeln und Rechenblätter wie dort und die gleichen „Konstanten" benutzt, wonach die Sonne sich in einem Abstand $r = 10^4$ pc mit einer Geschwindigkeit $V = 268$ km/sec in einer Kreisbahn um das galaktische Zentrum bewegt, von dem aus sie in einer Länge $\lambda = 145°$ erscheint. Die galaktischen Ortskoordinaten der Sterne sind mit denen der Sonne ($x = -0.82 \cdot 10^4$ pc; $y = +0.57 \cdot 10^4$ pc) identifiziert, und es ist ein reines galaktozentrisches Newton-Potential im Sinne des klassischen Zweikörperproblems angenommen. Auf den Näherungscharakter der durch solch radikale Vereinfachungen der wahren Verhältnisse erzielbaren Resultate hat K. Schütte selbst ausdrücklich hingewiesen [1]. Gegenüber den ersten Teilen der Schütteschen Untersuchung sind aber folgende Abweichungen hervorzuheben:

(a) Die galaktischen Bewegungskomponenten der Sterne wurden nach F. Link [7] berechnet, da dessen Tafeln gegenüber denen von A. Kohlschütter [8], die Schütte benutzt hat, den Vorteil erheblich geringerer Interpolationsarbeit mit dem des jetzt international angenommenen galaktischen Pols ($\alpha = 12^h 40^m$; $\delta = +28°$ [1900.0]) vereinen.

(b) Sämtliche Geschwindigkeitskomponenten der Sterne in z-Richtung — senkrecht zur galaktischen Ebene — wurden um 7 km/sec erhöht, um eine Partikularbewegung der Sonne zu berücksichtigen, die sich aus verschiedenen Untersuchungen [4] ebenso wie aus dem hier direkt verarbeiteten Material ergeben hat. Eine Partikularbewegung der Sonne in der galaktischen Ebene wurde nicht eingesetzt, so daß also das Gros der Sterne in bekannter Weise hinter der Sonne zurückbleibt.

Für die Komponenten der Sonnenbewegung um das galaktische Zentrum wurden die Werte $\xi = +154$ und $\eta = +220$ km/sec beibehalten.

Um nicht einen allzu großen Teil der Rechnungen nach Hinzunahme von Wilson wiederholen zu müssen, wurden die dort gebotenen, verbesserten Radialgeschwindigkeiten nach folgender, bei der dem ganzen Verfahren innewohnenden relativ geringen Genauigkeit durchaus angemessenen Weise eingearbeitet: Bei Unterschieden im Betrage von $\rho > 2$ km/sec wurde alles neu gerechnet; Unterschiede von weniger als 1 km/sec blieben unberücksichtigt; in den dazwischen liegenden Fällen wurden nachträglich wenigstens die relativen Geschwindigkeitskomponenten ξ, η, ζ und, wenn nötig, auch die Bahnneigung i korrigiert.

§ 3. Der Katalog

Das Verzeichnis umfaßt auf neun Doppelseiten 353 Sterne. Die Zählung ist, in losem Anschluß an den Hauptkatalog von K. Schütte [2], von 1101 bis 1454 geführt (1. Spalten). Nr. 1265 mußte später gestrichen werden. Mit Nr. 1434 beginnt der durch die Auswertung von Wilson gewonnene Nachtrag. Einige Sterne hat K. Schütte bereits unter vorläufigen Nummern < 1100 für spezielle Untersuchungen behandelt, so zum Beispiel die Nr. 1283 als vorläufige Nr. 1029. Außerdem sind die Sterne Nr. 1133, 1358, 1377, 1389, bzw. = Schütte Nr. 86, 810, 851, 880.

Auf den linken Seiten folgen in der ersten Spalte die Nummern der Sterne nach Jenkins [5] und Wilson [6]. Spalte 2 gibt die genäherten äquatorialen Koordinaten nach Jenkins für die Epoche 1900.0. Für 1950 findet man sie bei Wilson. In Spalte 3 und 4 (links) sind scheinbare Helligkeiten und Spektraltypen nach Wilson angegeben. Diese Angaben weichen oft nicht unbeträchtlich von denen bei Jenkins ab. Spalte 5 enthält die absoluten Helligkeiten der Sterne, so wie sie sich aus scheinbarer Helligkeit und trigonometrischer Parallaxe ohne Berücksichtigung interstellarer Absorption ergeben.

In der 6. Spalte (links) sind die Eigenbewegungen nach Jenkins in Einheiten von tausendstel Bogensekunden pro Jahr aufgeführt. In den Fällen, wo μ_α und μ_δ nur auf 0.01″/a bekannt sind, wurde dies durch kleine Nullen in der letzten Stelle ausgedrückt. Die beiden letzten Spalten links nennen die trigonometrischen Parallaxen nach

Jenkins in 0.001″ und die Radialgeschwindigkeiten nach Wilson in km/sec, gegebenenfalls abgerundet auf volle Einheiten. Die Angaben über die individuelle Genauigkeit dieser Werte sind bei Bedarf in den Generalkatalogen nachzulesen.

Die rechten Seiten des Verzeichnisses bringen nach der Wiederholung der laufenden Nummer die Bahnneigung i (bzw. $180^\circ - i$) mit Angabe des Vorzeichens und die wahren Anomalien v. Es folgen die Exzentrizität e in Einheiten von 0.001 und die großen Halbachsen a, die peri- und apogalaktischen Distanzen q und q' und die Umlaufszeit U, wobei stets die Werte für die Sonne = 100 gesetzt sind. Spalte 6 (rechts) gibt die Bahngeschwindigkeit *Vel* in km/sec.

In der vorletzten Spalte (rechts) wurden zusätzlich auch die Geschwindigkeitskomponenten der Sterne in bezug auf die Sonne: ξ, η, ζ in km/sec mitgeteilt, wobei die Korrektur von + 7 km/sec in ζ bereits angebracht ist. Unter „Bemerkungen" ist besonders notiert, wenn bei Doppelsternen die Werte für μ und ρ mangels besserer Kenntnis einfach gemittelt wurden. Dabei ist dann stets auch scheinbare Helligkeit und Spektraltyp des Partners angegeben.

§ 4. Interessante Einzelsterne

Wenn auch die Auswertung des vorgelegten Materials einer besonderen Arbeit vorbehalten bleiben soll, so seien doch einige interessante Sterne kurz erwähnt, wobei wir uns auf frühe Spektraltypen und extreme Werte der Bahnelemente beschränken.

(a) Frühe Spektraltypen

Außer zwei Weißen Zwergen und einem Pe-Stern (Nr. 1186, 1243 und 1442) enthält die Liste 40 Sterne vom Typ B und A. Diese zeichnen sich durch geringe Bahnneigung und Exzentrizität aus. Dementsprechend liegen die großen Halbachsen und die peri- und apogalaktischen Distanzen in der Nähe des Wertes 100 für die Sonne. Die Extremwerte sind:

$$(180^\circ - i)_{max} = +3.4^\circ \text{ bei Nr. } 1252 \text{ (A 0)}$$
$$e_{max} = 0.260 \text{ „ „ } 1390 \text{ (A 5)}$$
$$a_{max} = 134 \text{ „ „ } 1390 \text{ (A 5)}$$
$$a_{min} = 83 \text{ „ „ } 1206 \text{ (A 0).}$$

Weitere Angaben für die 11 frühesten Sterne (bis A 0 einschließlich) enthält Tabelle 1. Von den Anomalien der 40 A- und B-Sterne liegen etwa 25% im ersten und vierten Quadranten — gegenüber 20% bezogen auf alle 353 Sterne.

Tabelle 1. 11 Sterne vom Spektraltyp B0 bis A0

Nr.	Sp.	M	180° — i	v	e	a
1116	B one	— 0.1	+ 1.5°	186°	50	95
1406	B 5	+ 2.4	+ 1.8	174	65	94
1146	B 8	1.2	— 0.9	169	119	90
1326	B 9n	2.5	+ 0.9	167	61	94
1215	A on	0.3	+ 0.4	87	4	100
1113	A 0	2.5	— 0.6	217	20	98
1206	A 0	2.7	+ 1.9	170	204	83
1252	A 0	3.0	+ 3.4	173	98	91
1415	A 0	2.3	— 1.3	278	41	101
1430	A 0	2.3	— 0.2	164	85	92
1305	A op	2.7	+ 0.6	219	32	102

(b) Starke Bahnneigungen

Tabelle 2 enthält 11 Sterne mit Bahnneigungen $|180° - i| > 10°$. Man beachte die Unterzwerge an der Spitze der Liste und den Weißen Zwerg an ihrem Fuße. Der andere wA-Stern (Nr. 1186) hat nur $180° - i = -2.8°$, zeichnet sich aber durch große Exzentrizität aus.

Tabelle 2. 11 Sterne mit Bahnneigungen $|180° - i| > 10°$

Nr.	180° — i	Sp.	M
1408	+ 45.4°	sdK 6	13.1
1260	+ 37.9	sdF 4	7.7
1255	+ 23.8	sdF 5	8.3
1296	+ 18.8	dM 2	10.1
1240	— 16.8	sgG 7	3.4
1231	+ 16.5	dF 5	5.1
1237	+ 15.6	dF 8	5.9
1217	— 14.4	dK 3	5.4
1270	— 11.4	dK 2	5.8
1166	+ 10.3	dM 0	8.8
1243	+ 10.1	wA	13.6

(c) Extreme Geschwindigkeiten

Je 10 Sterne mit besonders großen und besonders kleinen Geschwindigkeiten oder — was hier auf dasselbe hinausläuft — großen Halbachsen sind in Tabelle 3 und 4 aufgeführt. Die Minimalwerte werden ausschließlich von Zwergen und Unterzwergen erreicht, während sich bei den großen Werten auch je ein A 5- und gG 8-Stern befindet.

Tabelle 3. 10 Sterne mit kleinen Geschwindigkeiten

Nr.	Vel	*a*	Sp.	M
1408	84	53	sdK 6	13.1
1384	170	63	dF 5	6.2
1296	183	65	dM 2	10.1
1255	197	68	sdF 5	8.3
1166	199	69	dM 0	8.8
1260	203	70	sdF 4	7.7
1302	206	70	dK 4	5.2
1440	206	71	M 2	9.9
1225	208	72	dK 0	5.8
1443	209	72	dK 0	5.4

Tabelle 4. 10 Sterne mit großen Geschwindigkeiten

Nr.	Vel	*a*	Sp.	M
1352	311	154	dK 0	6.9
1451	307	147	dM 3	10.3
1390	300	134	A 5	3.1
1309	293	124	gG 8	1.7
1359	290	121	dK 6	7.8
1162	288	119	dM 1	10.7
1371	287	117	dK 3	7.5
1366	284	114	dK 5	4.6
1191	283	114	dK 1	6.1
1351	283	113	dM 1	8.5

(d) Extreme peri- und apogalaktische Distanzen

Tabelle 5 enthält 10 Sterne mit minimaler perigalaktischer Distanz q. Sie ist in ihrer ersten Hälfte identisch mit der hier nicht besonders

Tabelle 5. 10 Sterne mit kleinen perigalaktischen Distanzen

Nr.	*q*	*e*	Sp.	M
1384	5	915	dF 5	6.2
1408	5	901	sdK 6	13.1
1166	20	713	dM 0	8.8
1296	29	557	dM 2	10.1
1260	34	517	sdF 4	7.7
1255	37	461	sdF 5	8.3
1302	38	453	dK 4	5.2
1186	39	486	wA	10.8
1231	42	413	dF 5	5.1
1440	42	406	M 2	9.9

wiedergegebenen Liste größter Exzentrizitäten. Die Objekte sind durchweg sehr lichtschwach. Auch ein Weißer Zwerg ist dabei. Ein etwas aufgelockerteres Bild bietet Tabelle 6, in der 10 Sterne mit be-

Tabelle 6. 10 Sterne mit großen apogalaktischen Distanzen

Nr.	q'	e	Sp.	M
1451	209	422	dM 3	10.3
1352	208	351	dK 0	6.9
1390	168	260	A 5	3.1
1176	164	495	dG 0	6.4
1367	150	262	sgK 1	2.8
1309	149	197	gG 8	1.7
1337	149	500	dF 8	5.9
1371	148	272	dK 3	7.5
1366	146	283	dK 5	4.6
1162	137	157	dM 1	10.7

sonders großen apogalaktischen Distanzen q' zusammengestellt sind. Hier kommen nur dreimal Exzentrizitäten $e > 0.400$ vor. Sterne mit rückläufigen oder hyperbolischen Bahnen wurden nicht gefunden.

Es ist dem Verfasser ein aufrichtiges Bedürfnis, Herrn Professor Dr. K. Schütte für unermüdliche Unterstützung und Beratung bei der vorliegenden Arbeit und Herrn Professor Dr. E. Schoenberg für die Gewährung großzügiger Arbeitsmöglichkeit in seinem Institut auf das wärmste zu danken.

Literaturverzeichnis

[1] Schütte, K.: Galaktozentrische Bahnelemente von 1026 Fixsternen in der nächsten Umgebung der Sonne, Teil I. Sitzungsber. d. Österr. Akad. d. Wiss., mathem.-naturw. Kl., Abt. II a, Bd. **161**, Heft 9/10 (1952).

[2] — Desgl. Teil II. Ibid.

[3] — Desgl. Teil III. Ibid., Bd. **162**, Heft 1/5 (1953).

[4] — Desgl. Teil IV. Ibid., Bd. **163**, Heft 1/4 (1954).

[5] Jenkins, L. F.: General Catalogue of Trigonometric Stellar Parallaxes. Yale University Observatory, New Haven 1952.

[6] Wilson, R. E.: General Catalogue of Stellar Radial Velocities. Carnegie Institution of Washington Publication No. 601, Washington 1953.

[7] Link, F.: Tafeln zur Berechnung der galaktischen Bewegungskomponenten der Sterne. Veröff. d. Prager Sternwarte Nr. 17, Praha 1941.

[8] Kohlschütter, A.: Tafeln für galaktische Bewegungskoordinaten. Veröff. Bonn Nr. 22 (1930).

Nr.	Jenk	Wils.	R. A. [1900]	Decl.	m	Sp.	M	μ_α	μ_δ	π	ϱ
1101	4	39	0^h $0,4^m$	+ 45°16'	9,3	dK6	9,1	+ 874	- 131	90	+ 2
1102	17	71	4,0	+ 64 31	7,0	dG9	4,5	+ 276	+ 49	32	+ 7
1103	50	159	12,8	- 14 1	6,6	dG0	4,3	+ 405	+ 21	34	+ 28
1104	66	220	19,3	- 27 35	7,8	dK6	6,3	+ 668	+ 88	50	+ 6
1105	72	236	21,3	- 44 14	3,9	A3	3,0	+ 102	+ 30	66	+ 9
1106	76	254	23,2	+ 9 39	6,0	dF0	3,6	+ 28	- 205	33	- 10
1107	89	294	27,0	- 5 44	8,7	dK8	6,4	+ 270	- 26	35	- 11
1108	90	288	27,0	- 63 31	4,5	cA2	1,9	+ 95	- 55	30	+ 10
1109	93	306	28,2	- 63 35	5,2	A2	2,9	+ 79	- 37	35	+ 5
1110	119	372	35,7	- 7 47	7,0	dG3	4,7	+ 9	- 98	35	+ 5
1111	130	393	38,2	+ 33 18	8,5	dK5	7,2	- 220	- 370	55	- 33
1112	131	391	38,2	- 66 1	5,5	F4	3,0	+ 52	+ 47	31	+ 14
1113	137	397	38,9	- 58 1	4,5	A0	2,5	- 6	+ 11	39	+ 10
1114	144	409	40,0	+ 1 15	8,1	dK5	6,2	- 44	- 562	41	+ 6
1115	162	459	44,4	- 23 46	7,2	dG7	6,1	+ 517	+ 112	58	+ 5
1116	185	526	50,7	+ 60 11	2,2	$B0^{n}_{e}$	-0,1	+ 26	- 2	34	- 7
1117	186	525	50,7	+ 58 38	4,8	sgG4	2,8	- 92	- 43	40	- 47
1118	198	583	54,7	+ 81 34	8,4	dG2	6,3	- 181	- 56	38	- 51
1119	203	588	56,2	+ 68 42	8,1	dG7	5,9	+ 236	- 146	37	- 21
1120	227	658	1^h $3,2^m$	+ 5° 7'	5,7	sgA8	3,3	- 267	- 176	33	+ 7
1121	245	688	6,2	+ 29 34	4,7	sgK1	2,1	+ 69	- 36	35	+ 30
1122	262	740	11,9	- 2 48	6,8	dF8	4,3	+ 258	- 130	31	+ 8
1123	269	754	13,5	- 1 23	8,1	dG8	6,3	+ 432	- 263	43	+ 13
1124	270	766	13,8	+ 76 11	7,3	dK0	5,3	- 30	- 70	40	- 23
1125	281	778	16,9	+ 18 10	8,0	dG2	6,0	+ 541	- 10	40	+ 2
1126	283	787	18,0	- 13 29	8,3	dK0	6,6	+ 390	0	45	+ 31
1127	302	840	23,6	+ 21 13	7,9	dK4	5,5	+ 459	- 193	33	+ 44
1128	303	852	23,8	+ 69 45	6,0	dF6	3,8	+ 137	- 68	37	+ 5
1129	322	882	28,5	- 24 41	7,0	dG8	6,0	+ 293	- 152	64	0
1130	355	955	36,8	- 11 49	6,1	dF2	3,6	+ 41	- 407	31	- 16
1131	366	981	39,6	- 21 5	7,8	dG4	5,3	- 58	- 310	31	+ 1
1132	386	1038	46,5	- 10 50	3,9	gK0	1,8	+ 34	- 36	38	+ 9
1133	413	1102	54,9	+ 2 37	5,8	dG1	3,5	+ 231	- 245	35	- 17
1134	438	1162	2^h $2,5^m$	- 1° 5'	6,9	dG1	4,7	- 234	- 349	36	- 40
1135	452	1227	7,5	+ 67 13	7,8	dK4	5,9	+ 537	- 304	42	- 14
1136	453	1222	7,6	+ 47 1	6,0	dF2	3,5	- 65	- 58	31	- 8
1137	461	1239	9,7	+ 23 49	6,9	dG7	4,6	+ 446	- 180	35	- 2
1138	466	1276	11,3	+ 56 6	8,6	dK0	6,8	+ 340	- 232	44	+ 3
1139	481	1326	15,7	+ 47 24	9,4	dM2	9,2	+ 30	+ 40	93	- 35
1140	508	1425	26,3	+ 1 49	5,4	sgK3	3,1	+ 22	- 3	34	+ 26

Nr.	180°-i	v	e	a	q	q'	U	Vel	ξ	η	ζ	Bemerkungen
1101	- 1,4°	142°	212	87	69	106	81	247	- 45	+ 4	- 6	
1102	+ 2,0	125	174	93	77	109	88	257	- 41	+ 11	+ 9	
1103	- 6,0	124	216	92	72	112	88	255	- 53	+ 13	- 26	
1104	- 1,0	134	298	87	61	113	81	247	- 70	+ 12	- 4	
1105	- 0,6	148	35	97	94	101	96	264	- 7	- 1	- 3	
1106	- 4,8°	195°	191	85	68	101	78	242	- 5	- 30	- 2	
1107	+ 3,1	153	201	86	68	103	79	244	- 37	- 6	+ 13	
1108	+ 0,7	173	136	88	76	100	83	249	- 15	- 13	+ 3	+ $4^{m},5$ B9 $\bar{g}\bar{\mu}$
1109	+ 1,3	168	86	92	84	100	87	257	- 11	- 7	+ 6	
1110	- 0,7	196	62	95	94	101	92	260	- 1	- 10	- 3	
1111	+ 4,9°	185°	316	76	52	104	66	223	- 19	- 44	+ 19	
1112	+ 2,8	159	49	96	91	100	93	262	- 8	- 3	+ 13	
1113	- 0,6	217	20	98	96	100	98	266	+ 1	- 4	- 3	
1114	- 7,5	203	292	80	57	103	71	232	+ 5	- 54	- 30	
1115	+ 0,9	130	182	91	75	108	87	255	- 42	+ 9	+ 4	
1116	+ 1,5°	186°	50	95	90	100	93	261	- 3	- 7	+ 7	
1117	+ 1,0	209	250	83	62	104	76	240	+ 12	- 47	+ 4	
1118	- 4,2	224	221	88	69	108	83	250	+ 23	- 45	- 18	
1119	- 2,9	158	236	81	62	101	73	235	- 32	- 19	- 12	
1120	- 3,1	293	182	111	91	131	102	280	+ 37	- 16	- 15	
1121	- 2,7°	48°	126	110	95	124	102	280	- 14	+ 22	- 13	
1122	- 1,2	154	264	80	59	102	72	233	- 40	- 17	- 5	
1123	- 2,8	155	325	77	52	102	67	224	- 49	- 23	- 11	
1124	- 1,6	206	108	91	82	101	86	255	+ 3	- 19	- 7	
1125	+ 3,5	150	312	81	56	106	73	235	- 63	- 4	+ 14	
1126	- 4,0°	139°	208	88	70	106	83	249	- 46	+ 4	- 17	
1127	- 6,5	137	315	85	58	112	79	244	- 74	+ 9	- 27	
1128	+ 0,4	128	81	96	88	104	94	262	- 19	+ 4	+ 2	
1129	+ 2,3	169	157	87	73	100	81	247	- 20	- 13	+ 10	
1130	+ 1,3	252	364	76	48	103	66	220	+ 1	- 64	+ 5	+ $7^{m},4$ dF3 $\tilde{g}$
1131	- 0,5°	210°	243	84	64	104	77	241	+ 13	- 46	- 2	
1132	- 0,2	155	39	97	93	100	95	263	- 7	- 2	- 1	
1133	+ 3,4	182	321	76	51	100	66	221	- 25	- 41	+ 13	
1134	+ 2,4	240	262	94	69	118	91	259	+ 43	- 53	+ 11	
1135	- 1,9	162	388	74	46	103	64	217	- 66	- 22	- 7	
1136	- 0,4°	256°	48	99	94	104	99	267	+ 9	- 9	- 2	
1137	+ 1,9	165	382	74	46	102	64	215	- 59	- 27	+ 7	
1138	- 1,0	153	230	84	66	103	77	241	- 43	- 6	- 4	
1139	+ 3,7	210	175	88	72	103	82	248	+ 8	- 33	+ 16	
1140	- 2,6	83	70	101	94	108	102	270	- 15	+ 11	- 12	

Nr.	Jenk	Wils.	R. A. [1900]	Decl.	m	Sp.	M	μ_α	μ_δ	π	ϱ
1141	541	1518	$2^h35,9^m$	+ 39°46'	5,0	dF9	3,0	- 14	- 186	40	- 22
1142	545	1513	36,3	- 30 34	8,1	dF9	6,0	+ 593	+ 105	38	+ 34
1143	561	1561	40,6	+ 25 14	8,1	dG8	7,4	+ 230	- 152	72	+ 12
1144	566	1568	41,8	+ 18 57	7,4	dF9	5,2	+ 61	- 39	36	+ 4
1145	569	1574	42,3	+ 26 39	8,2	dK0	7,6	+ 276	- 109	77	+ 6
1146	575	1585	44,1	+ 26 51	3,7	B8	1,2	+ 67	- 113	31	+ 4
1147	603	1627	49,7	+ 26 28	7,7	dK2	6,1	+ 266	- 186	47	+ 30
1148	634	1698	58,7	- 6 3	8,3	dG5	6,4	+ 34o	- 25o	42	- 20
1149	652	1742	$3^h\ 2,8^m$	+ 45°22'	10,1	dM2	9,4	- 47o	- 34o	73	+ 5
1150	690	1832	14,0	- 3 12	7,1	dG2	6,0	+ 252	- 105	60	+ 21
1151	700	1850	15,2	+ 8 40	8,3	dG2	6,5	+ 293	- 67	43	+ 12
1152	701	1837	15,6	- 62 57	5,5	dG0	5,6	+1332	+ 659	106	+ 12
1153	731	1929	24,7	+ 19 46	7,9	dG5	5,6	+ 161	- 55	35	+ 25
1154	846	2212	46,2	+ 22 23	7,8	dG5	5,5	+ 197	- 327	34	+ 8
1155	858	2268	48,4	+ 75 53	8,3	dK6	6,7	+ 352	- 520	48	+ 20
1156	900	2357	59,2	+ 69 17	8,1	dK2	6,8	+ 86	- 288	54	- 11
1157	912	2394	$4^h\ 2,1^m$	+ 76° 2'	8,2	dK1	6,0	+ 48	- 246	36	+ 10
1158	988	2607	22,9	+ 15 44	3,9	gK8	2,5	+ 105	- 28	33	+ 40
1159	995	2633	24,4	+ 15 25	5,5	A3n	3,0	+ 104	- 25	31	+ 30
1160	1010	2695	29,8	+ 52 42	8,5	dM1	8,3	+ 27o	- 46o	91	+ 36
1161	1015	2686	30,2	+ 9 57	4,4	A3	1,8	+ 56	- 45	30	+ 29
1162	1026	2717	33,0	- 11 14	10,9	dM1	10,7	- 22o	+ 20o	93	- 13
1163	1031	2731	34,2	- 12 19	5,0	A2	2,7	- 54	- 9	34	+ 6
1164	1084	2856	45,7	+ 10 54	6,7	dF7	4,2	+ 108	+ 7	33	+ 39
1165	1094	2895	48,8	+ 7 13	7,9	dK2	5,5	+ 240	- 200	33	+ 43
1166	1123	2978	55,0	+ 53 3	9,8	dM0	8,8	+131o	-151o	62	+ 74
1167	1179	3084	$5^h\ 7,1^m$	- 9°13'	8,0	dK1	6,2	- 6o	- 57o	44	+ 6
1168	1192	3108	9,8	- 15 57	8,0	dG6	6,8	+ 24o	- 21o	57	+ 33
1169	1206	3191	13,5	+ 59 11	7,3	dG6	4,9	+ 248	- 277	33	- 23
1170	1222	3230	17,8	+ 17 14	8,2	dK5	6,9	+ 271	- 4	55	+ 37
1171	1237	3333	22,5	+ 67 56	6,9	dF8	4,7	+ 16	- 179	37	+ 32
1172	1240	3302	23,2	+ 12 28	6,8	dG0	4,8	+ 108	- 212	39	+ 9
1173	1257	3353	26,6	+ 0 2	8,4	dG5	5,9	+ 15o	- 49o	32	- 9
1174	1295	3492	34,0	- 7 16	4,9	A3	2,6	- 13	- 52	35	+ 4
1175	1317	3577	40,5	+ 10 46	8,3	gF3	5,7	- 2o	- 2o	30	+ 26
1176	1341	3600	45,7	- 70 13	8,3	dG0	6,4	- 35o	+121o	41	+ 25
1177	1385	3791	55,1	+ 69 29	8,1	dG6	5,6	- 114	- 21	32	- 17
1178	1406	3836	$6^h\ 0,9^m$	+ 15°33'	7,6	dK0	6,6	- 110	- 111	63	- 12
1179	1421	3924	4,5	+ 70 49	7,6	dG7	5,7	+ 21	- 444	41	+ 25
1180	1435	3925	7,7	+ 10 40	6,5	dG4	5,2	+ 94	- 286	56	+ 3

Nr.	180°-i	v	e	a	q	q'	U	Vel	ξ	η	ζ	Bemerkungen
1141	- 1,4°	204°	155	88	74	102	82	249	+ 3	- 28	- 6	
1142	+ 2,4	152	365	77	49	106	68	227	- 77	- 7	+ 9	
1143	0	144	93	93	85	111	90	257	- 20	- 1	0	
1144	+ 1,1	158	60	95	89	101	93	260	- 10	- 3	+ 5	
1145	+ 1,6	152	104	92	82	101	98	256	- 19	- 3	+ 7	
1146	- 0,9°	169°	119	90	79	100	85	252	- 15	- 10	- 4	
1147	- 2,1	137	187	89	73	106	85	252	- 41	+ 5	- 9	+ 9^{m},3 dM0 $\bar{\zeta}$
1148	+ 7,8	186	325	76	51	100	61	221	- 19	- 48	+ 30	
1149	- 5,8	353	72	108	100	115	112	278	+ 6	+ 5	- 28	
1150	0	156	162	88	73	102	82	248	- 27	- 7	0	
1151	+ 3,3°	158°	194	85	69	102	79	244	- 33	- 9	+ 14	
1152	+ 3,4	145	278	84	60	107	75	240	- 59	0	+ 14	
1153	+ 0,2	137	149	91	78	105	87	255	- 33	+ 4	+ 1	
1154	- 2,4	174	337	75	50	100	65	219	- 38	- 35	- 0	
1155	0	135	275	87	63	111	81	248	- 64	+ 11	0	
1156	- 2,1°	169°	160	86	73	100	80	246	- 20	- 14	- 9	
1157	- 1,6	123	126	95	83	107	92	260	- 30	+ 9	- 7	
1158	+ 0,4	126	173	93	77	109	90	257	- 41	+ 11	+ 2	
1159	+ 1,3	134	145	92	78	105	88	256	- 34	+ 6	+ 6	
1160	+ 1,1	114	173	96	79	112	94	262	- 42	+ 17	+ 5	
1161	- 0,2°	138°	139	92	79	105	88	255	- 30	+ 3	- 1	
1162	+ 1,8	353	157	119	100	137	130	288	+ 15	+ 13	+ 9	
1163	- 0,6	73	14	100	99	102	101	268	- 2	+ 2	- 3	
1164	+ 1,3	127	170	92	77	108	89	257	- 40	+ 10	+ 6	
1165	+ 1,0	158	327	78	52	104	69	227	- 58	- 14	+ 4	+ 8^{m},2 dK1 $\bar{\mu}\bar{\zeta}$
1166	+10,3°	158°	713	69	20	118	57	199	-167	- 23	+ 28	
1167	- 9,9	206	267	82	60	104	72	236	+ 7	- 52	- 40	
1168	+ 0,5	172	270	79	58	100	69	229	- 32	- 26	+ 2	
1169	+ 2,4	180	385	72	44	100	61	210	- 34	- 48	+ 9	
1170	+ 4,6	136	176	89	74	105	84	252	- 42	+ 5	+ 20	
1171	+ 1,7°	89°	143	102	85	117	104	271	- 32	+ 22	+ 8	
1172	+ 1,0	182	203	83	66	100	76	239	- 16	- 25	+ 4	
1173	- 1,7	199	418	73	43	104	62	213	+ 3	- 76	- 6	
1174	+ 0,6	266	27	100	97	103	100	267	+ 5	- 5	+ 3	
1175	- 0,2	123	105	95	85	105	93	261	- 25	+ 7	- 1	
1176	- 6,6°	110°	495	110	55	164	115	281	-126	+ 56	- 46	
1177	- 3,2	245	38	98	95	102	98	266	+ 6	- 8	- 15	
1178	- 1,0	280	41	101	97	105	101	269	+ 9	- 6	- 4	
1179	+ 1,2	133	240	89	67	110	83	250	- 56	+ 10	+ 5	
1180	+ 0,4	165	69	94	87	100	99	259	- 10	- 5	+ 2	

Nr.	Jenk	Wils.	R. A. [1900]	Decl.	m	Sp.	M	μ_α	μ_δ	π	ρ
1181	1495	4092	$6^h21,4^m$	− 42°49'	6,8	dG4	4,3	− 96	+ 766	32	+ 48
1182	1498	4120	22,0	+ 36 33	7,1	dG0	4,8	− 289	− 221	35	− 4
1183	1511	4211	24,6	+ 72 5	7,8	dG1	5,9	− 40	− 260	42	+ 41
1184	1539	4280	31,9	+ 16 29	1,9	A3	−0,4	+ 47	− 46	31	− 12
1185	1574	4408	39,9	+ 55 49	6,3	dF4	4,8	+ 60	− 104	31	+ 7
1186	1579	4413	40,9	+ 37 39	12,0	wA	10,8	− 180	− 930	59	+ 80
1187	1586	4397	41,6	− 31 41	5,9	dF6	4,2	− 222	− 323	45	+ 32
1188	1656	4654	59,5	+ 27 37	10,7	dM0	9,5	− 50	− 100	58	− 42
1189	1657	4658	59,6	+ 34 38	5,6	sgG3	3,2	− 51	− 53	33	+ 5
1190	1683	4770	$7^h\ 7,2^m$	+ 59°49'	5,3	sgK2	3,0	− 91	− 260	34	+ 24
1191	1700	4834	10,9	+ 67 51	8,6	dK1	6,1	− 80	+ 110	32	− 9
1192	1707	4807	11,7	− 15 25	5,4	A2	3,1	− 64	− 7	34	+ 10
1193	1744	4927	19,5	+ 28 0	3,9	gG7	1,4	− 117	− 89	31	+ 8
1194	1748	4933	20,5	− 13 33	5,8	dF0	3,2	− 222	− 6	30	+ 7
1195	1809	5109	35,0	− 3 22	7,2	dK3	6,8	+ 75	− 288	85	− 21
1196	1819	5164	36,8	+ 70 27	7,1	dG5	5,7	− 94	− 145	53	− 24
1197	1869	5260	49,1	+ 19 31	7,9	dK6	5,7	+ 108	− 467	36	− 19
1198	1872	5262	49,5	− 1 9	7,5	dG5	5,9	− 266	− 58	47	+ 93
1199	1903	5318	56,0	− 39 1	5,2	F0	2,7	− 90	− 46	31	− 8
1200	1918	5389	$8^h\ 0,0^m$	+ 70° 1'	6,6	dF8	4,8	+ 158	+ 104	44	− 6
1201	1930	5394	3,3	− 24 1	2,9	cF5	0,4	− 86	+ 47	31	+ 47
1202	1997	5551	19,5	− 0 49	6,8	dG0	4,6	+ 89	− 209	36	+ 9
1203	1999	5560	20,2	+ 17 23	6,2	dF4	4,0	− 189	− 158	36	+ 38
1204	2020	5581	24,6	− 65 48	3,6	K1	1,2	− 27	− 159	33	+ 27
1205	2045	5636	29,4	− 23 1	7,4	dG5	5,1	− 340	+ 160	35	+ 18
1206	2060	5678	33,6	− 25 54	5,2	A0	2,7	− 20	− 16	31	+ 31
1207	2065	5701	34,4	+ 11 53	7,9	dK3	6,4	− 100	− 513	51	− 13
1208	2082	5769	38,6	+ 42 3	8,2	dK5	7,0	− 280	− 649	59	− 26
1209	2089	5763	39,6	− 38 32	6,6	dK5	6,4	− 300	+ 330	91	+ 18
1210	2092	5777	40,8	− 42 17	4,1	sgG5	2,3	− 19	+ 16	43	− 2
1211	2130	5857	49,4	− 5 3	6,0	dG3	5,5	− 418	+ 27	78	+ 26
1212	2204	6047	$9^h10,8^m$	+ 19°14'	6,9	dF0	4,3	− 157	− 19	30	+ 30
1213	2210	6048	11,8	− 37 0	4,7	F5	3,5	+ 20	− 13	57	+ 12
1214	2212	6060	12,0	+ 29 0	7,3	dK4	6,1	+ 70	− 506	59	− 18
1215	2213	6042	12,1	− 69 18	1,8	A0n	0,3	− 154	+ 98	38	− 5
1216	2229	6072	15,9	− 68 16	5,4	F2	3,9	− 108	− 27	51	+ 32
1217	2230	6096	16,1	+ 40 38	7,7	dK3	5,4	− 348	− 365	35	− 43
1218	2231	6114	16,2	+ 76 22	9,1	dK5	7,8	− 360	− 104	56	− 2
1219	2236	6108	18,9	− 28 24	4,9	gG7	2,4	− 140	+ 16	31	+ 10
1220	2256	6153	24,7	+ 6 5	7,6	dK5	7,2	− 520	+ 110	85	+ 27

Nr.	180°-i	v	e	a	q	q'	U	Vel	ξ	η	ζ	Bemerkungen
1181	+ 2,1°	110°	440	105	59	152	108	275	-111	+ 51	+ 9	
1182	- 9,0	149	53	96	91	101	94	262	- 12	- 4	- 41	
1183	+ 3,2	76	199	109	87	131	114	275	- 41	+ 30	+ 15	
1184	+ 2,0	240	106	96	86	106	94	264	+ 10	- 12	+ 9	
1185	+ 3,2	157	151	88	75	101	83	249	- 17	- 7	+ 14	+ 6,3 dF6 $\mu\bar{\varrho}$
1186	- 2,8°	149°	486	76	39	114	67	223	-109	- 2	- 10	
1187	- 8,6	191	188	84	69	100	78	242	- 8	- 30	- 36	
1188	- 2,6	277	149	104	89	120	106	273	+ 33	- 21	- 12	
1189	- 0,2	142	38	97	94	101	96	264	- 8	0	- 1	
1190	+ 0,2	136	201	89	71	107	84	251	- 45	+ 6	+ 1	
1191	- 1,2°	341°	124	114	99	128	121	283	+ 17	+ 6	- 6	
1192	- 0,2	143	55	96	91	101	94	262	- 11	0	- 1	
1193	- 2,2	146	76	94	87	101	91	260	- 16	- 1	- 10	
1194	- 4,8	53	99	107	96	118	111	277	- 13	+ 13	- 23	
1195	- 0,2	282	98	103	93	113	105	272	+ 22	- 13	- 1	
1196	- 2,8°	187°	136	88	76	100	83	249	- 7	- 19	- 12	
1197	- 2,6	198	358	76	48	103	66	221	+ 2	- 64	- 10	
1198	+ 2,2	152	421	76	44	109	67	223	- 97	- 8	+ 8	
1199	- 1,4	357	76	108	100	116	113	278	+ 6	+ 7	- 7	
1200	+ 3,6	304	86	106	96	115	109	274	+ 18	- 7	+ 17	
1201	+ 1,0°	169°	276	80	58	103	72	233	- 47	- 13	+ 4	
1202	+ 1,4	195	197	84	68	101	78	242	- 3	- 31	+ 6	
1203	- 0,5	209	249	83	63	104	75	240	- 48	- 5	- 2	
1204	- 3,4	212	138	90	78	102	85	253	+ 7	- 26	- 15	
1205	- 2,8	98	193	101	82	121	102	269	- 45	+ 26	- 13	
1206	+ 1,9°	170°	204	83	66	100	75	240	- 25	- 18	+ 8	
1207	- 2,4	197	243	82	62	101	74	236	- 2	- 40	- 10	
1208	- 6,1	187	242	81	61	100	72	234	- 13	- 35	- 25	
1209	+ 1,6	140	140	91	78	101	87	254	- 30	+ 2	+ 7	
1210	+ 1,5	29	21	102	100	104	103	270	- 1	+ 3	+ 7	
1211	0 °	148°	177	88	72	103	82	248	- 35	+ 2	0	
1212	+ 2,0	132	170	91	76	107	87	255	- 39	+ 7	+ 9	
1213	+ 1,1	180	84	92	84	100	87	257	- 7	- 10	+ 9	
1214	- 6,6	199	243	82	62	102	73	237	0	- 42	- 27	
1215	+ 0,4	87	4	100	100	101	101	269	- 19	+ 13	+ 2	
1216	- 2,2°	176°	202	83	66	100	76	240	- 13	- 26	- 9	
1217	-14,4	179	291	78	55	100	68	226	- 30	- 40	- 56	
1218	- 2,4	140	113	94	83	105	91	259	- 26	+ 5	- 11	
1219	- 1,3	138	103	93	84	103	90	258	- 22	+ 2	- 6	
1220	+ 1,9	125	161	93	78	108	90	258	- 38	+ 10	+ 7	

Nr.	Jenk	Wils.	R. A. [1900]	Decl.	m	Sp.	M	μ_α	μ_δ	γ	ρ
1221	2269	6178	$9^h 26,9^m$	+ 27°26'	7,1	dG9	5,8	- 141	- 240	54	+ 14
1222	2278	6188	28,6	- 20 40	5,2	sgK0	3,5	- 32	+ 12	45	+ 13
1223	2304	6256	37,1	+ 43 10	8,1	dK6	7,3	+ 46	- 831	68	- 13
1224	2359	6372	54,4	+ 25 2	7,9	dG5	5,4	- 240	- 31	31	0
1225	2363	6377	54,9	+ 56 5	8,3	dK0	5,8	- 182	- 460	32	+ 23
1226	2374	6387	57,9	+ 38 30	6,8	dF7	4,3	- 95	- 120	31	+ 31
1227	2400	6454	$10^h 8,8^m$	- 6°53'	7,3	dF6	5,0	- 190	+ 17	34	+ 15
1228	2401	6456	8,9	+ 3 39	7,7	dG0	6,1	+ 237	- 413	47	- 24
1229	2410	6472	11,0	+ 24 0	5,9	dG2	3,4	- 203	+ 29	31	- 33
1230	2425	6545	15,2	+ 84 46	5,6	A2n	3,1	- 128	- 41	31	+ 3
1231	2428	6511	16,0	- 14 59	7,0	dF5	5,1	- 226	+ 277	41	+ 79
1232	2433	6528	16,9	+ 66 4	4,9	A0	2,9	- 10	- 23	40	0
1233	2448	6561	21,8	+ 20 20	8,9	dG0	6,7	- 186	- 193	37	+ 4
1234	2451	6552	22,4	- 73 31	4,1	F5	3,6	- 16	- 32	79	- 4
1235	2457	6586	24,0	+ 56 30	9,0	dK6	8,8	- 16o	- 6o	91	+ 12
1236	2490	6641	33,4	+ 38 26	5,8	dF8	3,7	- 219	- 46	38	+ 7
1237	2517	6721	43,4	+ 29 57	6,3	sgK1	4,0	- 85	- 48	34	+ 10
1238	2534	6747	48,2	- 20 5	7,1	dG3	5,1	- 160	- 272	39	- 13
1239	2548	6774	50,9	+ 28 17	8,6	dG6	6,1	- 453	- 145	32	+ 5
1240	2584	6837	$11^h 1,8^m$	+ 2°30'	5,7	sgG7	3,4	- 384	- 88	35	+ 55
1241	2589	6839	2,4	- 61 53	4,8	sgG5	3,2	- 38	+ 3	48	- 2
1242	2600	6866	5,6	+ 31 0	8,8	dM1	8,3	+ 578	- 210	78	- 14
1243	2642	6961	19,1	+ 21 54	14,1	wA	13,6	-123o	0	80	+ 52
1244	2647	6974	21,4	- 63 25	5,3	F3	3,2	- 307	- 89	38	- 5
1245	2650	6985	22,8	+ 3 24	5,2	sgG7	2,7	+ 18	- 17	31	- 9
1246	2660	7006	25,4	+ 41 50	7,0	dF1	4,8	+ 93	- 92	37	- 2
1247	2666	7021	26,7	+ 61 38	5,5	dF4	3,9	+ 1	- 73	48	- 46
1248	2672	7032	28,4	+ 65 48	7,2	dF5	4,7	- 44	- 196	32	- 31
1249	2714	7121	40,1	- 8 49	5,1	A3n	2,6	+ 61	- 24	32	- 1
1250	2735	7146	43,5	+ 14 50	5,9	dA6n	4,3	- 107	0	47	+ 9
1251	2753	7183	49,5	+ 19 58	8,4	dG6	6,9	- 452	- 18	51	+ 8
1252	2759	7199	50,9	- 16 36	5,2	A0	3,0	- 53	- 12	36	+ 15
1253	2789	7248	$12^h 0,1$	+ 9 17	4,2	sgG5	2,0	- 221	+ 42	37	- 30
1254	2800	7283	4,6	+ 40 49	7,4	dK1	5,1	- 315	- 60	34	- 3
1255	2810	7308	7,0	+ 13 50	10,4	sdF5	8,3	- 25o	- 450	38	+ 95
1256	2835	7362	13,9	+ 86 59	6,3	dF0	3,9	+ 211	- 9	33	- 6
1257	2846	7418	16,9	+ 42 42	9,1	dM0	8,3	+ 21o	- 53o	68	+ 15
1258	2854	7445	19,2	+ 52 7	5,0	sgG7	2,8	+ 11	+ 7	36	- 13
1259	2862	7461	20,4	+ 32 25	9,3	dK4	6,7	- 365	- 220	30	- 19
1260	2863	7464	20,5	+ 1 51	9,6	sdF4	7,1	0	- 48o	31	+ 159

Nr.	180°-i	v	e	a	q	q'	U	Vel	ξ	η	ζ	Bemerkungen
1221	+ 1,4°	166°	175	86	71	101	79	244	- 24	- 13	+ 6	
1222	+ 2,4	169	82	93	85	100	89	257	- 12	- 6	+ 11	
1223	+ 1,1	173	379	73	45	101	62	212	- 19	- 56	+ 4	
1224	- 3,3	112	78	98	90	105	96	265	- 29	+ 7	- 15	
1225	+ 7,8	166	427	72	41	102	61	208	- 67	- 33	+ 28	
1226	+ 7,6°	149°	169	88	73	103	83	249	- 34	- 4	+ 33	
1227	- 3,2	61	75	104	96	112	107	273	- 12	+ 13	- 15	
1228	- 3,4	243	191	95	77	113	93	261	+ 32	- 38	- 15	
1229	- 7,5	33	85	108	99	117	112	278	- 6	+ 12	- 36	
1230	+ 0,6	151	85	97	88	105	95	263	- 20	+ 6	+ 3	
1231	+16,5°	165°	413	72	42	102	62	211	- 70	- 36	+ 59	
1232	+ 1,7	179	16	98	97	100	98	266	- 2	- 2	+ 8	
1233	- 1,7	168	209	83	66	101	76	240	- 27	- 17	- 7	
1234	+ 1,3	0	16	102	100	103	102	271	+ 1	+ 2	+ 6	
1235	+ 3,0	101	51	99	94	104	99	267	- 12	+ 6	+ 14	
1236	+ 0,2°	136°	127	92	81	100	72	256	- 28	+ 3	+ 1	
1237	+ 2,4	153	88	93	85	101	90	257	- 16	- 3	+ 11	
1238	+ 2,0	175	279	78	56	100	69	228	- 30	- 29	+ 8	
1239	- 4,0	151	327	80	54	106	70	232	- 66	- 6	- 16	
1240	-16,8	159	357	76	49	104	67	223	- 71	- 23	- 63	
1241	+ 1,3°	60°	20	101	99	103	102	269	- 3	+ 3	+ 6	
1242	+ 1,3	282	152	105	89	121	108	275	+ 34	- 20	+ 6	
1243	+10,1	138	266	86	63	110	80	246	- 62	+ 4	+ 42	
1244	- 3,3	241	132	95	83	108	93	261	- 32	+ 10	- 15	
1245	- 0,2	329	35	103	100	107	105	272	+ 6	0	- 1	
1246	+ 2,4°	237°	66	97	91	103	95	264	+ 9	- 13	+ 11	
1247	- 6,1	334	171	87	72	102	81	248	+ 5	- 32	- 26	
1248	- 0,5	190	268	79	58	101	71	230	- 10	- 40	- 2	
1249	+ 1,3	308	42	103	98	107	104	271	+ 9	- 3	+ 6	
1250	+ 3,1	141	53	96	91	101	93	263	- 11	0	+ 14	
1251	+ 1,5°	105°	200	99	79	119	98	268	- 43	+ 24	+ 7	
1252	+ 3,4	173	98	91	82	100	87	254	- 10	- 11	+ 15	
1253	- 5,1	84	106	102	92	113	103	271	- 23	+ 16	- 24	
1254	- 0,2	152	235	84	64	104	72	241	- 44	- 6	- 1	
1255	+23,8	182	461	68	37	100	57	197	- 47	- 75	+ 80	
1256	+ 1,6°	310°	145	112	95	128	118	282	+ 30	- 7	+ 8	
1257	+ 4,8	301	81	108	99	116	112	277	+ 13	0	+ 23	
1258	- 0,9	245	19	99	97	101	99	267	+ 3	- 4	- 4	
1259	- 4,1	168	401	72	43	101	62	211	- 58	- 33	- 15	
1260	+37,9	200	517	70	34	107	59	203	- 14	-133	+118	

Nr.	Jenk	Wils.	R. A. [1900]	Decl.	m	Sp.	M	μ_α	μ_δ	π	ϱ
1261	2879	7511	$12^h 24,5^m$	- 2°45'	8,7	dG6	7,0	- 336	- 583	46	- 4
1262	2892	7558	28,7	+ 33 48	5,4	sgG7	2,9	+ 18	- 41	31	- 20
1263	2917	7594	34,1	+ 79 46	7,0	dG2	5,4	- 122	+ 6	49	- 18
1264	2933	7644	39,7	+ 52 19	7,0	dK0	6,0	- 394	- 196	63	+ 9
1265	----	----									
1266	2972	7741	52,5	- 13 55	8,9	dK6	7,7	- 510	- 170	57	+ 5
1267	2978	7752	55,2	- 2 10	9,5	dM0	8,0	- 730	0	51	- 12
1268	2994	7801	$13^h 1,5^m$	+ 23° 9'	5,9	sgM5	4,0	+ 25	- 55	42	- 5
1269	3022	7875	9,5	+ 57 14	6,7	dG2	5,0	+ 110	- 35	46	- 9
1270	3052	7931	16,1	+ 43 38	8,2	dK2	5,8	- 423	- 104	33	- 39
1271	3060	7915	18,6	+ 85 17	7,4	dF7	5,8	- 133	+ 20	48	+ 11
1272	3067	7969	21,2	- 23 46	8,4	dK0	7,1	- 370	- 60	54	- 11
1273	3070	7980	22,1	- 15 27	4,9	sgK3	3,4	- 121	+ 18	51	- 14
1274	3107	8038	31,1	+ 75 31	10,4	dK5	8,4	- 420	+ 30	39	- 35
1275	3119	8065	34,0	+ 67 33	6,8	gG4	4,2	+ 60	- 57	30	- 1
1276	3142	8118	42,2	+ 78 34	6,1	gG7	3,6	- 69	+ 40	31	- 7
1277	3151	8161	44,4	- 17 38	5,1	sgK2	3,0	- 101	- 44	38	- 40
1278	3153	8155	44,5	+ 27 29	7,8	dK6	6,5	- 439	- 94	56	- 20
1279	3185	8216	53,7	+ 65 51	7,6	dG2	5,2	- 13	- 288	33	- 28
1280	3186	8215	53,8	+ 67 26	8,2	dG6	5,8	- 136	+ 59	33	- 15
1281	3201	8257	58,6	+ 11 17	6,4	dG6	5,3	+ 79	- 314	61	- 17
1282	3225	8313	$14^h 7,0^m$	- 26°47'	5,2	sgK3	3,2	- 13	- 42	40	+ 27
1283	3238	8320	10,3	+ 68 3	8,2	dK1	5,8	+ 154	- 13	33	- 8
1284	3239	8338	10,3	+ 3 36	7,0	dF7	4,6	- 198	+ 29	33	- 45
1285	3261	8399	17,3	- 27 18	4,9	sgK3	2,4	- 196	- 120	32	+ 20
1286	3262	8395	17,6	+ 30 6	8,6	dM0	7,9	- 662	- 314	71	- 38
1287	3286	8463	25,7	+ 42 15	6,4	dG4	3,9	+ 154	- 225	32	- 1
1288	3290	8470	26,7	+ 35 53	8,2	dK5	6,8	- 510	+ 210	52	- 12
1289	3312	8516	33,6	+ 18 44	6,0	sgK2	3,7	- 33	- 81	35	- 14
1290	3322	8529	36,9	+ 64 43	7,4	dG0	5,8	- 146	- 8	47	- 30
1291	3335	8572	40,2	- 25 1	5,2	dF1n	3,3	- 152	- 112	41	- 16
1292	3337	8569	40,6	+ 17 23	4,7	sgG6	2,9	- 60	- 58	43	- 9
1293	3366	8649	48,5	- 24 14	5,4	sgK2	2,9	- 11	- 36	32	+ 9
1294	3374	8670	51,3	- 48 27	6,5	dG7	4,8	- 21	- 318	45	+ 44
1295	3379	8674	52,4	+ 0 14	5,7	sgK1	3,2	+ 65	- 31	32	+ 20
1296	3383	8680	53,5	+ 31 46	11,1	dM2	10,1	- 900	-1200	64	+ 24
1297	3386	8695	55,3	- 10 43	9,3	dM0	7,6	+ 6	- 472	46	+ 14
1298	3427	8781	$15^h 5,1^m$	- 51°43'	3,5	G5	1,3	- 113	- 74	36	- 10
1299	3507	8984	27,6	- 65 59	4,1	K0	1,5	+ 29	- 74	30	- 16
1300	3521	9005	31,0	- 27 48	3,8	gK5	1,6	- 8	- 6	37	- 25

Nr.	180°-i	v	e	a	q	q'	U	Vel	ξ	η	ζ	Bemerkungen
1261	- 8,5°	180°	383	72	45	100	60	211	- 35	- 49	- 31	
1262	- 2,6	230	37	98	94	101	97	265	+ 4	- 8	- 12	
1263	- 1,4	178	135	88	76	100	83	249	- 12	- 15	- 6	
1264	+ 4,9	158	176	86	71	102	80	246	- 30	- 9	+ 21	
1265												gestrichen
1266	+ 1,0°	162°	272	80	58	102	71	232	- 43	- 16	+ 4	
1267	- 0	143	313	88	57	109	75	240	- 69	+ 4	0	
1268	+ 0,2	228	30	98	95	101	97	265	+ 3	- 6	+ 1	
1269	0	287	49	102	97	107	103	270	+ 11	- 6	0	
1270	-11,4	164	387	74	45	102	64	215	- 63	- 30	- 42	
1271	+ 2,8°	84°	58	101	95	107	101	269	- 13	+ 9	+ 13	vgl. 1273
1272	+ 0,5	141	160	90	76	104	85	252	- 34	+ 2	+ 2	
1273	0	85	64	101	94	107	101	269	- 14	+ 10	0	vgl. 1271
1274	- 2,4	168	362	74	47	101	64	217	- 52	- 29	- 9	
1275	+ 1,9	282	49	101	94	106	102	270	+ 11	- 7	+ 9	
1276	0 °	159°	74	94	87	101	91	259	- 12	- 4	0	
1277	- 4,4	67	133	107	93	122	111	277	- 23	+ 23	- 21	
1278	- 1,0	160	244	82	62	104	73	236	- 40	- 13	- 4	
1279	+ 2,3	195	259	80	60	101	72	234	+ 6	- 49	+ 9	
1280	- 0,9	157	137	89	77	101	84	251	- 23	- 6	- 4	
1281	- 3,8°	206°	98	92	83	100	88	256	+ 2	- 18	- 17	
1282	+ 4,1	214	124	91	80	102	87	254	+ 7	- 24	+ 18	
1283	- 1,0	340	104	109	98	121	114	279	+ 20	- 2	- 5	= Sch. 1029
1284	- 4,6	131	184	91	74	108	87	254	- 43	+ 8	- 20	
1285	+ 3,5	179	266	79	58	100	69	230	- 23	- 32	+ 14	
1286	- 3,2°	170°	372	74	46	101	63	214	- 50	- 33	- 12	
1287	+ 0,8	269	143	102	87	116	103	270	+ 31	- 21	+ 4	
1288	+ 2,3	134	198	90	72	108	84	252	- 45	+ 7	+ 13	
1289	- 1,3	63	80	104	96	113	107	273	- 13	+ 14	- 6	
1290	- 2,6	180	203	83	66	100	75	239	- 19	- 23	- 11	
1291	- 0,7°	142°	128	91	80	103	87	255	- 25	0	- 3	+ $7^{m}{,}1$ dF9 $\bar{\xi}$
1292	0	170	76	93	86	100	90	258	- 9	- 7	0	
1293	+ 1,8	206	57	95	90	101	93	261	+ 1	- 10	+ 8	
1294	- 3,8	199	288	79	56	103	69	231	+ 1	- 50	- 15	
1295	+ 3,2	290	84	104	95	112	105	273	+ 19	- 10	+ 15	
1296	+18,8°	189°	557	65	29	102	52	183	- 29	-100	+ 58	
1297	- 3,2	201	261	81	60	102	73	235	+ 3	- 46	- 13	
1298	+ 1,1	138	98	94	84	103	91	259	- 21	+ 2	+ 5	
1299	- 0,4	42	93	108	98	118	112	278	- 8	+ 16	- 2	
1300	- 0,4	64	98	105	95	116	108	274	- 16	+ 17	- 2	

Nr.	Jenk	Wils.	R. A. [1900]	Decl.	m	Sp.	M	μ_α	μ_δ	π	ϱ
1301	3527	9007	$15^h31,7^m$	+ 10°21'	5,4	sgG7	2,8	+ 41	- 136	30	+ 8
1302	3531	9012	32,5	+ 40 8	6,8	dK4	5,2	- 449	+ 35	48	- 70
1303	3538	9042	34,4	- 23 30	5,1	sgK4	3,3	- 21	- 24	42	- 22
1304	3546	9055	36,2	- 19 21	5,0	gM0	2,5	- 40	- 113	32	- 4
1305	3549	9061	37,1	+ 13 10	5,3	A0p	2,7	+ 38	- 20	30	+ 2
1306	3569	9094	41,6	+ 15 44	3,7	A2n	1,4	+ 66	- 55	34	- 1
1307	3574	9105	43,1	+ 1 53	7,9	dG7	5,6	- 173	- 159	34	- 28
1308	3592	9139	47,5	+ 35 58	4,8	sgK1	2,6	- 12	- 356	36	- 24
1309	3594	9155	48,1	- 16 26	4,3	gG8	1,7	+ 98	+ 126	30	+ 3
1310	3597	9136	49,8	+ 74 43	9,3	dK6	6,8	+ 131	- 305	32	- 27
1311	3603	9163	51,3	+ 43 26	5,5	sgM3	3,0	- 36	+ 57	31	- 10
1312	3624	9201	56,7	+ 65 41	9,1	dG8	7,1	+ 15o	- 20o	40	- 8
1313	3635	9211	58,8	+ 71 10	7,4	dG2	5,2	- 58	+ 255	36	- 9
1314	3641	9248	59,7	- 20 11	7,3	dK2	5,9	+ 31o	- 39o	52	+ 34
1315	3650	9256	16^h $1,5^m$	+ 39°26'	6,8	dG8	6,3	- 571	+ 50	80	- 60
1316	3677	9305	7,2	+ 44 5	6,5	dK1	5,5	+ 124	- 309	63	- 6
1317	3681	9334	8,6	+ 13 48	7,5	dK0	6,0	+ 176	- 417	50	+ 19
1318	3705	9386	14,8	+ 55 33	10,1	dM1e	8,5	+ 11o	- 49o	47	- 30
1319	3709	9378	15,5	+ 71 11	7,8	dG5	5,8	- 21	- 298	39	- 18
1320	3712	9393	16,5	+ 67 29	8,9	dM0	8,6	- 515	+ 84	88	- 14
1321	3728	9436	18,7	- 13 24	8,6	dK2	7,3	- 236	- 216	56	+ 10
1322	3732	9449	20,8	+ 14 16	4,5	A2	2,1	+ 41	- 65	33	- 7
1323	3734	9464	21,3	- 21 54	7,6	dF8	5,4	- 292	- 314	36	- 19
1324	3745	9482	24,5	+ 18 37	7,0	dK2	5,8	- 326	+ 392	57	- 36
1325	3759	9511	26,2	- 21 15	4,6	dA6	2,0	+ 13	+ 30	30	+ 2
1326	3763	9494	28,2	+ 68 59	5,0	B9n	2,5	- 27	+ 31	31	- 7
1327	3780	9556	32,9	+ 31 19	9,5	dK6	8,1	+ 34o	- 48o	53	- 7
1328	3789	9589	35,8	- 17 33	5,0	sgG8	2,9	- 21	- 5	38	- 25
1329	3795	9598	36,7	+ 1 22	5,9	dF2	3,3	- 108	+ 48	30	- 45
1330	3800	9549	37,7	+ 80 0	7,0	dG3	5,7	+ 84	- 83	56	- 14
1331	3820	9629	42,9	+ 68 16	7,6	dG7	6,0	- 286	+ 424	47	+ 6
1332	3844	9744	50,1	- 8 8	11,9	sdM4	12,9	- 84o	- 94o	160	+ 25
1333	3847	9763	50,3	- 55 50	3,1	K5	0,9	- 18	- 37	36	- 6
1334	3870	9835	58,2	- 28 26	6,7	dG8	5,8	+ 88	- 266	66	+ 17
1335	3913	9951	$17^h10,1^m$	- 26°24'	6,7	dK5	7,9	- 483	-1129	172	- 6
1336	4016	10199	34,3	+ 3 37	6,6	dK3	6,1	- 181	- 103	80	+ 19
1337	4026	10207	36,2	+ 37 16	8,4	dF8	5,9	- 516	- 843	32	+ 40
1338	4053	10260	40,9	+ 43 26	10,3	dM3	10,3	- 2o	- 59o	100	- 23
1339	4066	10257	43,0	+ 72 27	8,4	dG6	6,1	- 10o	+ 30o	34	- 17
1340	4067	10310	43,1	- 37 1	3,2	K2	0,7	+ 57	- 28	32	+ 25

Nr.	180°-i	v	e	a	'q	q'	U	Vel	ξ	η	ζ	Bemerkungen
1301	+ 0,2°	233°	95	95	86	104	93	261	+ 12	- 19	+ 1	
1302	- 6,3	166	453	70	38	102	59	206	- 70	- 33	- 22	
1303	- 0,4	79	21	100	98	102	101	269	- 16	+ 11	- 2	
1304	- 0,5	178	107	90	81	100	86	253	- 10	- 12	- 2	
1305	+ 0,6	219	32	102	99	106	109	271	+ 6	- 1	+ 3	
1306	- 0,4°	292°	32	101	98	105	102	269	+ 7	- 4	- 2	
1307	- 1,5	167	260	80	59	101	72	232	- 36	- 20	- 6	
1308	- 2,7	202	275	81	58	103	72	234	+ 5	- 49	- 11	
1309	+ 2,0	356	197	124	100	149	139	293	+ 17	+ 18	+ 10	
1310	- 0,2	252	210	98	77	118	97	265	+ 40	- 39	- 1	
1311	+ 0,4°	133°	63	96	90	102	94	262	- 14	+ 2	+ 2	
1312	- 0,4	285	115	104	92	116	107	274	+ 26	- 14	- 2	
1313	- 1,6	125	141	95	82	108	92	259	- 31	+ 9	- 7	
1314	- 4,9	242	173	95	78	111	92	260	+ 28	- 35	- 22	
1315	- 3,8	167	388	73	45	102	63	213	- 58	- 30	- 14	
1316	- 0,4°	242°	76	97	90	104	95	264	+ 12	- 15	- 2	
1317	- 1,1	254	167	98	82	115	97	266	+ 33	- 31	- 5	+ $7^{m}\!,6$ dK1 $\bar{\varrho}$
1318	- 3,3	228	247	87	66	108	81	247	+ 25	- 50	- 14	
1319	+ 2,5	232	169	92	77	108	89	256	+ 22	- 34	+ 11	
1320	+ 4,3	171	205	83	66	100	74	240	- 25	- 19	+ 18	
1321	+ 3,5°	190°	182	85	69	100	78	243	- 7	- 27	+ 15	
1322	- 0,9	210	32	97	94	100	96	264	0	- 6	- 4	
1323	+ 0,8	171	377	73	46	101	62	213	- 48	- 35	+ 3	
1324	+ 3,0	124	251	92	69	115	88	256	- 61	+ 18	+ 13	
1325	+ 2,1	347	54	106	100	106	108	275	+ 6	+ 3	+ 10	
1326	+ 0,9°	167°	61	94	89	100	92	260	- 8	- 5	+ 4	
1327	- 5,9	260	153	99	84	115	99	267	+ 30	- 28	- 27	
1328	+ 0,4	103	89	99	90	108	98	267	- 21	+ 11	+ 2	
1329	+ 0,5	131	203	90	72	162	86	253	- 48	+ 10	+ 2	
1330	- 0,9	236	60	97	91	103	96	264	+ 8	- 12	- 4	
1331	+ 4,5°	120°	193	94	76	112	91	259	- 47	+ 15	+ 20	
1332	+ 0,7	205	234	83	64	103	76	240	+ 7	- 42	+ 3	
1333	+ 1,1	122	34	98	95	102	98	266	- 8	+ 2	+ 5	
1334	- 1,6	215	106	92	83	102	87	257	+ 7	- 20	- 7	
1335	0	178	224	82	63	100	74	236	- 21	- 25	0	
1336	+ 3,8°	273°	75	101	94	109	102	269	+ 16	- 12	+ 18	
1337	+15,6	239	500	99	50	149	99	267	+ 83	-115	+ 62	
1338	+ 0,4	228	120	93	82	104	90	258	+ 14	- 24	+ 2	
1339	+ 1,9	149	235	84	65	104	78	242	- 47	- 3	+ 8	
1340	- 1,1	270	88	101	92	110	101	269	+ 19	- 14	- 5	

Nr.	Jenk	Wils.	R. A. [1900]	Decl.	m	Sp.	M	μ_α	μ_δ	π	ϱ
1341	4074	10322	$17^h45,0^m$	− 6° 1'	10,0	dM2	9,4	0	− 13o	76	− 21
1342	4102	10408	53,5	+ 4 28	9,8	dK5	7,6	− 5o	0	36	− 12
1343	4105	10352	53,9	+ 76 59	5,0	dF5	2,5	+ 37	+ 242	31	− 23
1344	4117	10450	56,8	+ 29 34	7,2	dG1	5,2	− 13o	+ 17o	39	+ 7
1345	4189	10665	$18^h10,9^m$	+ 69°39'	9,1	dKO	6,5	0	+ 15o	30	− 8
1346	4191	10737	10,9	− 36 48	3,2	gM4	1,1	− 141	− 167	38	+ 1
1347	4192	10717	11,0	+ 18 28	10,0	dM1	8,9	+ 6o	+ 9o	60	+ 8
1348	4223	10826	17,6	+ 51 18	6,2	gK1	3,8	− 37	− 57	33	− 10
1349	4244	10900	22,5	+ 58 45	4,8	A2	2,3	− 40	+ 60	31	− 13
1350	4254	10958	24,7	− 1 53	8,2	dK5	6,7	+ 14o	− 21o	51	− 53
1351	4272	11020	29,1	+ 22 15	9,3	dM1	8,5	− 17o	− 45o	70	+ 36
1352	4300	11101	34,9	+ 42 35	8,7	dKO	6,9	+ 286	+ 65	44	+ 32
1353	4383	11376	50,7	+ 4 8	8,1	dKO	7,2	− 12	− 86	65	+ 18
1354	4389	11387	51,7	+ 23 26	8,4	dK1	6,5	+ 12o	− 31o	41	− 6
1355	4404	11435	54,9	+ 30 2	6,6	dGO	4,7	+ 51	+ 194	41	− 40
1356	4419	11503	57,6	− 0 51	9,4	dG6	8,0	+ 19	− 16	52	− 26
1357	4425	11497	58,6	+ 46 48	5,1	A4n	2,6	+ 13	− 88	31	+ 8
1358	4459	11590	$19^h\ 3,6^m$	+ 32°21'	11,8	dM4	12,3	+125o	+109o	123	− 31
1359	4466	11616	5,2	+ 33 54	9,2	dK6	7,8	− 6o	+ 8o	53	+ 22
1360	4503	11761	13,3	− 15 43	6,3	sgK4	3,9	− 97	− 268	33	− 18
1361	4526	11749	16,0	+ 71 21	9,0	dK2	6,4	+ 12o	+ 18o	30	+ 7
1362	4548	11876	21,8	+ 12 49	5,8	dF3	3,3	+ 6	+ 59	31	− 34
1363	4554	11887	23,6	+ 49 14	8,0	dK1	6,1	+ 45o	+ 70o	41	− 66
1364	4562	11924	25,5	+ 31 25	7,0	dG5	5,4	− 13	− 419	49	− 12
1365	4573	11953	27,5	+ 0 22	10,5	dM1	8,8	+ 22o	+ 5o	46	− 39
1366	4581	11955	29,5	+ 58 23	6,7	dK5	4,6	− 523	− 395	38	+ 11
1367	4615	12053	35,0	− 16 31	5,4	sgK1	2,8	+ 65	− 47	30	− 58
1368	4633	12094	38,0	+ 24 22	6,8	dF9	4,7	+ 74	− 273	38	− 8
1369	4648	12132	41,8	+ 33 22	8,5	dK5	6,8	+ 15	− 435	45	+ 6
1370	4650	12086	42,2	+ 76 11	8,0	dKO	6,6	+ 148	+ 137	53	− 9
1371	4702	12260	50,0	+ 3 48	9,5	dK3	7,5	− 31o	− 23o	39	+ 50
1372	4703	12261	50,1	+ 3 45	8,7	dG8	6,3	− 72	− 84	33	+ 1
1373	4713	12291	51,8	− 12 49	9,1	dM1	7,8	− 6o	− 51o	55	+ 3
1374	4722	12304	53,2	+ 29 33	8,2	dG7	6,6	+ 8o	+ 25o	47	− 30
1375	4746	12394	57,8	+ 3 3	7,8	dK4	7,0	− 94	+ 113	70	− 31
1376	4747	12395	58,0	+ 15 20	7,2	dG7	5,6	− 161	− 591	48	+ 12
1377	4760	12424	59,6	+ 16 48	5,9	dG1	4,8	− 402	− 415	60	+ 4
1378	4766	12451	$20^h\ 0,7^m$	+ 19°42'	5,3	sgK1	2,8	+ 24	+ 79	31	− 40
1379	4785	12520	5,5	+ 20 37	6,3	dF1	3,9	+ 49	+ 99	33	− 40
1380	4797	12535	7,0	+ 43 39	7,4	dG4	5,5	+ 3	+ 80	41	− 40

Nr.	180°-i	v	e	a	q	q'	U	Vel	ξ	η	ζ	Bemerkungen
1341	0,0°	151°	115	91	81	101	87	255	- 21	- 3	0	
1342	+ 2,2	155	74	94	87	101	91	259	- 13	- 3	+ 10	
1343	- 2,9	154	215	84	66	103	78	242	- 39	- 7	- 12	
1344	+ 6,4	38	80	107	98	116	111	276	- 7	+ 12	+ 31	
1345	+ 0,9	135	119	91	80	102	87	258	- 25	+ 3	+ 4	
1346	+ 3,1°	181°	181	85	69	100	78	243	- 14	- 22	+ 13	
1347	+ 1,6	2	94	110	82	121	116	280	+ 6	+ 10	+ 8	
1348	+ 6,7	203	73	94	87	101	91	259	0	- 14	+ 30	
1349	+ 2,0	164	97	92	84	100	88	255	- 14	- 7	+ 9	
1350	- 3,9	153	278	82	59	104	74	235	- 53	- 8	- 16	
1351	+ 2,5°	294°	203	113	86	130	120	283	+ 45	- 19	+ 12	
1352	- 1,3	4	351	154	100	208	192	311	+ 20	+ 38	- 7	
1353	+ 0,6	313	95	107	97	118	117	277	+ 19	- 4	+ 3	
1354	- 5,0	216	127	91	80	103	87	254	+ 8	- 25	- 22	
1355	+ 0,9	142	212	87	69	106	81	247	- 45	+ 2	+ 4	
1356	+ 1,6°	146°	133	90	78	103	86	254	- 26	- 1	+ 7	
1357	+ 0,4	320	82	107	98	116	111	276	+ 15	- 2	+ 2	
1358	- 5,1	88	230	106	82	131	110	276	- 51	+ 35	- 24	
1359	+ 3,8	355	171	121	97	137	133	290	+ 15	+ 15	+ 19	
1360	+ 1,8	180	299	77	54	100	67	224	- 25	- 37	+ 7	
1361	+ 0,2°	83°	134	104	90	117	107	272	- 28	+ 21	+ 1	
1362	+ 3,0	146	174	88	73	104	83	250	- 35	- 1	+ 13	
1363	- 4,0	136	449	85	65	123	78	243	-111	+ 18	- 19	
1364	- 3,0	219	190	88	72	105	83	249	+ 12	- 35	- 13	
1365	- 0,7	125	175	93	77	109	90	257	- 42	+ 11	- 3	
1366	+ 9,6°	280°	283	114	82	146	122	284	+ 61	- 40	+ 46	
1367	+ 3,5	139	262	86	64	150	80	246	- 59	+ 6	+ 14	
1368	- 1,4	203	149	88	75	101	83	250	+ 3	- 26	- 6	
1369	- 3,9	259	144	99	97	114	99	267	+ 29	- 26	- 18	
1370	- 0,7	143	84	94	86	101	91	259	- 17	0	- 3	
1371	+ 2,7°	287°	272	117	85	148	126	287	+ 61	- 31	+ 13	
1372	+ 2,0	216	78	94	87	102	91	260	+ 5	- 15	+ 9	
1373	+ 1,9	240	28	99	96	102	98	266	+ 4	- 6	+ 9	
1374	+ 3,2	135	169	91	75	106	87	254	- 38	+ 5	+ 14	
1375	+ 5,5	147	134	90	78	102	86	253	- 27	- 2	+ 24	
1376	- 3,0°	227°	245	89	67	110	84	251	+ 30	- 50	- 13	
1377	+ 3,6	231	187	92	74	109	88	255	+ 24	- 38	+ 16	
1378	+ 3,8	154	218	84	66	103	78	242	- 40	- 7	+ 16	vgl. 1379
1379	+ 3,3	151	219	85	66	104	78	243	- 42	- 5	+ 14	vgl. 1378
1380	+ 2,2	171	270	79	58	100	70	230	- 33	- 25	+ 9	

Nr.	Jenk	Wils.	R. A. [1900]	Decl.	m	Sp.	M	μ_α	μ_δ	π	ϱ
1381	4812	12617	20^{h}10,8^m	+ 36°30'	5,0	A2n	2,6	+ 64	+ 68	33	- 17
1382	4823	12663	12,1	- 22 7	6,0	sgG8	3,5	+ 33	- 32	32	- 18
1383	4829	12666	12,5	- 12 51	3,8	gG8	1,4	+ 60	+ 5	33	+ 0
1384	4852	12730	17,7	- 21 40	8,5	dF5	6,2	+ 550	-1073	35	- 172
1385	4864	12774	21,5	- 31 11	6,7	dG6	5,2	- 13	- 525	51	- 3
1386	4886	12818	27,9	+ 62 39	4,3	A5	1,8	+ 43	- 14	32	- 8
1387	4921	12932	34,9	+ 38 17	6,8	dG2	5,2	+ 183	- 190	48	- 21
1388	4928	12874	35,3	+ 80 44	6,1	sgG8	4,3	+ 69	+ 222	44	- 14
1389	4939	12995	38,9	- 31 42	8,7	dM2e	8,8	+ 290	- 340	104	+ 5
1390	4957	13001	41,9	+ 66 18	5,6	A5	3,1	+ 23	+ 38	31	+ 35
1391	4984	13078	46,5	+ 43 41	5,1	dA6n	2,6	+ 122	+ 134	32	- 21
1392	5033	13179	54,4	+ 0 43	8,7	dF9	6,3	- 95	- 126	33	- 17
1393	5034	13180	54,4	+ 0 40	8,7	dG4	7,3	+ 216	+ 114	52	- 20
1394	5061	13223	59,1	+ 45 29	7,8	dK3	6,2	+ 369	+ 145	47	- 12
1395	5124	13377	21^{h}12,9^m	- 0°15	8,5	dK6	6,6	+ 450	- 180	42	- 28
1396	5164	13484	21,7	+ 3 18	10,2	dM1	8,7	- 80	- 60	50	+ 2
1397	5183	13514	25,8	+ 46 6	5,3	sgK0	2,8	+ 45	+ 102	31	- 19
1398	5215	13587	33,5	+ 27 16	9,8	dM0	9,4	+ 440	0	83	- 12
1399	5216	13595	33,5	+ 5 19	5,8	dA6n	3,3	+ 109	+ 27	32	- 18
1400	5233	13621	36,6	+ 26 18	7,4	dG3	4,9	+ 350	- 90	31	- 40
1401	5253	13669	40,4	+ 41 8	10,1	dK6	8,5	- 50	+ 60	49	- 21
1402	5293	13769	50,3	+ 31 22	7,6	dK0	6,5	+ 200	- 260	61	- 16
1403	5316	13828	56,2	+ 12 38	5,7	dF2	3,5	+ 53	- 53	36	+ 7
1404	5356	13920	22^h 4,2^m	- 8° 2'	6,6	dG9	4,9	+ 82	- 444	45	- 24
1405	5392	13996	11,4	+ 56 33	4,2	dA6n	2,2	+ 444	+ 48	39	- 1
1406	5409	14058	16,9	+ 46 2	4,7	B5	2,4	+ 21	+ 5	34	- 10
1407	5432	14127	23,6	- 30 30	7,8	dK6	7,0	+ 209	- 808	70	+ 5
1408	5434	14122	23,7	+ 5 20	14,4	sdK6	13,1	+ 540	-1480	54	- 157
1409	5478	14211	33,6	+ 72 22	7,5	dF6	5,3	+ 100	+ 60	36	- 12
1410	5482	14232	34,2	- 13 8	8,6	dG9	6,5	+ 233	- 151	42	- 9
1411	5511	14287	40,5	+ 64 3	7,8	dG5	5,6	+ 75	- 287	36	- 42
1412	5515	14307	41,7	+ 23 2	4,1	gG6	1,9	+ 52	- 12	37	- 4
1413	5524	14329	43,8	+ 24 11	10,9	dM0	8,4	+ 180	+ 10	32	+ 12
1414	5527	14341	45,1	- 7 38	10,2	dM1	9,2	- 120	+ 120	62	- 8
1415	5536	14359	47,0	- 33 24	4,5	A0	2,3	- 35	- 24	37	+ 16
1416	5537	14355	47,2	+ 31 13	11,2	dM4e	9,5	+ 510	- 60	45	0
1417	5561	14394	50,6	- 8 21	8,9	dG1	7,1	+ 570	- 70	44	- 24
1418	5573	14432	55,0	- 53 17	4,2	G4	1,7	- 67	- 12	31	- 1
1419	5580	14455	58,0	+ 42 13	5,1	A2n	3,7	+ 52	- 4	52	+ 2
1420	5592	14491	23^h 1,2^m	+ 67°52'	7,5	dG3	5,4	+ 600	+ 166	38	- 18

Nr.	180°-i	v	e	a	q	q'	U	Vel	ξ	η	ζ	Bemerkungen
1381	+ 1,2°	149°	116	91	81	102	87	255	- 22	- 2	+ 5	
1382	+ 2,2	139	84	94	86	102	92	260	- 18	+ 1	+ 10	
1383	0	23	204	100	100	101	101	270	- 3	+ 4	0	
1384	- 6,0	169	915	63	5	120	50	170	-226	- 66	- 9	
1385	- 0,2	182	323	76	51	100	66	220	- 24	- 42	- 1	
1386	- 0,2°	179°	42	96	92	100	94	262	- 4	- 5	- 1	
1387	- 4,2	180	150	87	74	100	81	247	- 13	- 18	- 18	
1388	+ 1,9	162	168	86	72	101	80	246	- 26	- 12	+ 8	
1389	- 0,7	160	114	90	79	101	86	254	- 18	- 6	- 3	
1390	+ 3,1	16	260	134	99	168	155	300	+ 6	+ 33	+ 16	
1391	+ 4,5°	130°	146	93	79	107	88	257	- 34	+ 6	+ 20	
1392	+ 3,7	191	166	86	72	100	80	245	- 6	- 25	+ 16	
1393	- 1,8	112	119	97	86	109	96	264	- 28	+ 12	+ 8	
1394	- 2,2	121	154	94	92	109	91	259	- 37	+ 11	- 10	
1395	- 5,8	142	189	88	72	105	83	249	- 41	+ 1	- 25	
1396	+ 1,7°	257°	37	99	96	103	99	267	+ 7	- 7	+ 8	
1397	+ 3,4	158	138	89	77	101	84	251	- 23	- 7	+ 15	
1398	+ 4,3	140	91	92	84	100	88	257	- 25	+ 1	+ 19	
1399	+ 1,8	137	102	94	84	103	77	258	- 24	+ 2	+ 8	
1400	- 5,5	161	349	76	45	103	67	222	- 60	- 21	- 21	
1401	+ 3,9°	181°	128	89	77	100	83	250	- 10	- 16	+ 17	
1402	+ 3,4	179	135	88	76	100	83	249	- 12	- 16	+ 7	
1403	- 0,8	0	4	100	100	101	101	269	0	0	- 4	
1404	+ 0,5	183	347	74	48	100	64	217	- 25	- 46	+ 2	
1405	- 3,8	116	189	95	77	113	93	261	- 46	+ 15	- 17	
1406	+ 1,8°	174°	65	94	88	100	91	259	- 7	- 7	+ 8	
1407	- 1,9	183	362	73	47	100	63	214	- 24	- 50	- 7	
1408	+45,4	180	901	53	5	100	38	84	-121	-171	+ 60	
1409	+ 1,2	167	127	89	78	100	84	251	- 17	- 10	+ 5	
1410	- 0,5	163	193	85	68	101	78	243	- 29	- 12	- 2	+ $8^m,6$ dG9 $\bar{\xi}$
1411	- 8,5°	199°	215	84	66	102	77	240	- 1	- 38	- 35	
1412	+ 1,1	155	48	96	91	101	94	262	- 8	- 2	+ 5	
1413	- 1,9	89	2	100	100	100	100	269	- 18	+ 12	- 9	
1414	+ 4,4	353	59	106	100	113	110	276	+ 5	+ 4	+ 21	
1415	- 1,3	278	41	101	97	105	101	269	+ 9	- 6	- 6	
1416	- 4,6°	138°	198	90	72	108	86	253	- 46	+ 8	- 20	
1417	- 0,2	147	314	82	56	107	74	236	- 66	- 1	- 1	
1418	+ 2,5	301	42	102	99	107	104	271	+ 9	- 4	+ 12	
1419	+ 0,8	58	19	101	99	103	101	269	- 3	+ 3	+ 4	
1420	- 1,3	151	384	78	48	108	69	227	- 79	- 4	- 5	

Nr.	Jenk	Wils.	R. A. [1900]	Decl.	m	Sp.	M	μ_α	μ_δ	π	ρ
1421	5606	14541	$23^h\ 4,6^m$	- 23° 0'	4,9	sgG2	2,6	+ 22	- 7	34	- 5
1422	5617	14568	8,9	+ 38 53	11,0	sdF6	9,6	+ 44o	- 36o	52	- 32
1423	5638	14618	13,4	- 33 5	4,5	sgG8	2,3	+ 18	- 66	37	+ 16
1424	5649	14645	15,7	+ 23 12	4,6	A5n	2,3	+ 28	- 8	34	+ 16
1425	5653	14657	16,8	+ 43 33	7,6	dK1	6,2	+ 637	+ 221	53	+ 2
1426	5657	14665	17,8	+ 20 1	6,6	dG0	5,2	+ 311	- 13	52	- 22
1427	5665	14685	19,9	+ 57 20	10,2	dM2	9,8	0	- 22o	83	- 5
1428	5677	14706	21,8	+ 0 42	4,9	A3	2,7	+ 84	- 93	36	- 3
1429	5684	14722	23,4	+ 15 31	9,5	dK5	7,2	+ 5o	- 12o	34	- 42
1430	5740	14857	37,5	- 15 6	4,6	A0	2,3	+ 93	- 64	35	+ 3
1431	5770	14934	47,2	+ 77 3	6,5	dF3	4,4	+ 265	- 88	38	+ 1
1432	5777	14960	49,9	+ 28 5	7,3	dG8p	5,0	+ 573	+ 35	34	- 20
1433	5806	15043	56,8	- 6 34	4,7	sgM3	2,9	+ 48	- 33	43	- 12
1434	23	93	$0^h\ 6,2^m$	+ 29°54'	8,7	dG5	6,2	+ 193	+ 47	31	- 3
1435	97	321	30,1	- 4 9	5,2	dF7	4,0	+ 410	- 20	58	+ 9
1436	431	1147	$2^h\ 0,1^m$	- 18° 6'	10,8	dM0	11,0	+129o	- 18o	109	- 35
1437	814	2126	$3^h41,1^m$	+ 23°41'	8,7	A2	6,9	+ 2o	- 5o	43	+ 5
1438	824	2148	42,2	+ 23 50	9,8	dF4	8,0	+ 2o	+ 5o	43	+ 12
1439	842	2202	45,1	+ 23 36	9,5	dK6	7,4	+ 13o	0	38	+ 38
1440	2313	6270	$9^h40,8^m$	- 45°18'	9,9	M2	9,9	- 46o	- 63o	100	+ 60
1441	2441	6554	$10^h19,9^m$	+ 69°22'	9,4	dK4	6,9	+ 155	- 67	31	- 54
1442	2442	6542	20,0	- 18 9	7,9	Pe	5,3	+ 3	- 58	30	+ 5
1443	2453	6571	23,2	- 6 5	7,8	dK0	5,4	- 361	- 294	33	+ 28
1444	3047	7918	$13^h14,9^m$	+ 35°40'	9,8	dM1	9,7	+ 405	- 790	95	- 3
1445	3900	9908	$17^h\ 6,5^m$	+ 24°39'	8,3	dK0	6,8	- 224	+ 219	51	- 56
1446	3984	10137	28,4	+ 34 21	6,5	dG2	4,0	- 238	+ 46	51	- 52
1447	4062	10282	42,8	+ 46 53	10,3	dM2	8,3	- 2o	- 2o	40	+ 18
1448	4295	11099	$18^h34,3^m$	+ 20°33'	9,2	dG2	7,0	- 41	- 215	37	+ 29
1449	4539	11846	$19^h19,8^m$	+ 33° 1'	6,5	dK1	5,3	+ 80	+ 164	57	- 20
1450	4937	12953	$20^h38,7^m$	+ 75°14'	7,8	dG5	6,4	+ 341	+ 557	52	- 35
1451	4942	12986	39,1	+ 35 9	12,5	dM3	10,3	- 31o	- 59o	37	+ 42
1452	5051	13219	58,0	+ 1 8	6,5	F5	4,2	- 120	- 50	35	+ 7
1453	5095	13322	$21^h\ 5,8^m$	- 40°40'	5,8	dF5	3,5	+ 43	- 221	34	+ 11
1454	5590	14481	$22^h\ 0,2^m$	+ 16° 2'	6,4	dG9	3,9	- 190	- 193	31	- 27

Nr.	180°-i	v	e	a	q	q'	U	Vel	ξ	η	ζ	Bemerkungen
1421	+ 2,4°	154°	16	99	97	100	98	266	- 5	0	+ 11	Jenk: G0+A2
1422	- 6,3	173	330	76	67	100	66	220	- 39	- 34	- 24	
1423	- 1,8	204	58	95	89	101	93	261	+ 1	- 10	- 8	
1424	- 1,0	14	99	111	100	122	117	280	+ 2	+ 13	- 5	
1425	+ 1,4	148	234	93	71	114	89	257	- 57	+ 18	+ 6	
1426	+ 2,6°	161°	214	84	66	102	75	240	- 34	- 12	+ 11	
1427	- 1,1	228	30	98	95	101	97	265	+ 3	- 6	- 5	
1428	0	173	102	91	82	100	87	254	- 11	- 10	0	
1429	+ 5,8	185	279	78	56	100	69	228	- 18	- 39	+ 23	
1430	- 0,2	164	85	92	85	100	87	257	- 12	- 6	- 1	
1431	- 2,0°	133°	140	92	79	105	89	259	- 30	+ 7	- 9	
1432	+ 1,8	151	392	78	47	108	68	227	- 83	- 5	+ 7	
1433	+ 3,5	176	65	94	88	100	90	259	- 7	- 7	+ 16	
1434	+ 2,5	137	136	92	79	104	88	255	- 30	+ 3	+ 11	
1435	- 0,9	140	180	89	73	105	84	251	- 39	+ 3	- 4	
1436	- 6,8°	158°	248	82	62	102	74	237	- 43	- 13	+ 28	ξ unsicher
1437	+ 0,6	156	35	97	94	100	90	264	- 6	- 2	+ 3	
1438	+ 0,2	166	40	99	95	103	99	265	- 11	+ 3	+ 1	
1439	+ 0,9	166	150	98	84	113	98	266	- 36	+ 18	+ 4	
1440	- 7,0	183	406	71	42	100	60	206	- 31	- 56	- 23	
1441	- 3,4°	101°	327	76	51	101	66	221	- 3	- 50	- 13	
1442	+ 0,7	197	59	95	89	100	92	260	- 1	- 10	+ 3	
1443	- 6,4	169	409	72	43	101	61	209	- 58	- 36	- 23	
1444	+ 7,9	182	300	77	54	100	68	226	- 23	- 38	+ 31	
1445	+ 0,2	148	308	82	56	107	74	236	- 64	- 2	+ 1	
1446	+ 0,3°	167°	347	75	49	101	65	219	- 50	- 27	+ 1	
1447	+ 3,6	348	120	113	100	127	120	282	+ 13	+ 8	+ 18	
1448	+ 1,1	293	162	109	91	127	114	279	+ 36	- 16	+ 5	
1449	+ 1,1	139	121	92	81	104	87	256	- 26	+ 2	+ 5	
1450	+ 7,9	158	370	76	48	104	66	221	- 66	- 19	+ 30	+ dG5 (var)
1451	- 2,9°	299°	422	147	85	209	178	307	+ 88	- 31	- 15	
1452	+ 2,6	280	68	101	94	108	101	270	+ 15	- 10	+ 12	
1453	- 1,4	185	209	83	66	100	74	238	- 13	- 28	- 6	
1454	+ 4,8	217	206	84	66	101	75	240	+ 11	- 47	+ 20	

Berichtigung

In dem Katalog ist zu lesen:

Seite	71	Nr.	1261	**statt**	— 8,5°	: — 7,9°	**für**	180° — i
					— 31	: — 29		ζ
		„	1290	„	— 2,6°	: — 2,2°	„	180° — i
					— 11	: — 9		ζ
„	79	„	1436	„	— 6,8°	: + 10,2°	„	180° — i
					158°	: 169°	„	v
					248	: 219	„	e
					62	: 64	„	q
					102	: 101	„	q′
					237	: 239	„	Vel
					+ 28	: + 42	„	ζ

Die in den Sitzungsberichten Abt. I und Abt. II der math.-nat. Klasse der Österr. Akad. d. Wiss. erscheinenden Abhandlungen werden auch einzeln abgegeben. Sie können durch jede Buchhandlung oder direkt durch die Auslieferungsstelle der Österreichischen Akademie der Wissenschaften (Wien I, Singerstraße 12) bezogen werden.

Nachfolgende Abhandlungen aus dem Fach **Physik** sind erschienen:

1950 (1949) (S II a, Bd. 158):

Koczy Gerta: Weitere Uranbestimmungen an Meerwasserproben, 8 Seiten. S 5.40

Lintner K.: Wechselwirkung schneller Neutronen mit den schwersten stabilen Kernen (Bi, Pb, Tl und Hg) (mit 15 Textfiguren), 33 Seiten. S 12.—

Lintner K., Moser H. und Cerny J.: Methodik der Kugelversuche zur Bestimmung der Wirkungsquerschnitte gegenüber schnellen Neutronen, 11 Seiten. S 6.40

Tomiser J.: Neue Wege in der spektroskopischen Blutuntersuchung (mit 3 Tafeln), 4 Seiten. S 6.40

1950 (1950) (S II a, Bd. 159):

Blau Marietta: Bericht über die Entdeckung der durch kosmische Strahlung erzeugten „Sterne" in photographischen Emulsionen, 4 Seiten. S 4.—

Danninger R. und Sirk H.: Theorie des in einer magnetisch abgelenkten Glimmentladung auftretenden Druckgefälles, 4 Seiten. S 3.40

Feuchtinger K.: Ableitung des zweiten Hauptsatzes für reversible Prozesse (mit 2 Abbildungen). S 3.40

Glaser W.: Zur wellenmechanischen Theorie der elektronenoptischen Abbildung (mit 2 Abbildungen), 63 Seiten. S 58.—

Haupt H.: Über Phasenkoeffizienten und Albedo der kleinen Planeten Ceres, Pallas, Juno und Vesta, 20 Seiten. S 21.60

Hess V. F.: Persönliche Erinnerungen aus dem ersten Jahrzehnt des Instituts für Radiumforschung, 3 Seiten. S 4.—

Hevesy G. v.: Erinnerungen an die alten Tage am Wiener Institut für Radiumforschung, 2 Seiten. S 4.—

Meyer St.: Die Vorgeschichte der Gründung und das erste Jahrzehnt des Institutes für Radiumforschung, 26 Seiten. S 4.—

Paneth F. A.: Aus der Frühzeit des Wiener Radiuminstituts. Die Darstellung des Wismutwasserstoffs, 3 Seiten. S 4.—

Przibram K.: 1920 bis 1938, 7 Seiten. S 4.—

Rieder W.: Der Szilard-Chalmers-Effekt mit langsamen und schnellen Neutronen (mit 5 Abbildungen), MIR Nr. 462, 14 Seiten. S 13.—

Wieninger L. und Adler N.: Über die Verfärbung von nat. Steinsalzkristallen durch Bestrahlung mit α-Teilchen von Ra*F* (mit 7 Abbildungen), MIR Nr. 472, 12 Seiten. S 13.80

Wieninger L.: Über die Bestrahlung natürlicher, gefärbter Steinsalzkristalle mit α-Teilchen von Ra*F* (mit 7 Abbildungen), MIR Nr. 466, 15 Seiten. S 15.—

Wieninger L. und Adler N.: Über den Einfluß der Erwärmung auf das Absorptionsspektrum des mit Ra*F*-x-Strahlen verfärbten Steinsalzes (mit 7 Abbildungen), MIR Nr. 467, 11 Seiten. S 9.60

Wieninger L.: Über die Verfärbung von gepreßten Steinsalzkristallen durch Bestrahlung mit α-Teilchen von Ra*F* (mit 5 Abbildungen), 12 Seiten. S 9.60

1951 (S II a, Bd. 160):

Bernert Traude: Radiumbestimmungen an Tiefseesedimenten (mit 3 Abbildungen), MIR Nr. 483, 12 Seiten. S 6.30

Böhm W.: Kolloide und Farbzentren in additiv verfärbtem Steinsalz (mit 5 Abbildungen), 18 Seiten. S 8.—

Brukl A., Hernegger F. und Hilbert Hermine: Zur Kenntnis neuer in der Natur vorkommender α-Strahler (mit 9 Abbildungen), MIR Nr. 482, 17 Seiten. S 5.50

Mayerl Margarete: Bestimmungen der optischen Konstanten des Calciums und Anwendung der Mieschen Theorie auf die Verfärbung des Flußspates (mit 5 Abbildungen), 7 Seiten. S 3.50

Wieninger L.: Ein Beitrag zur Klärung der Frage nach Wesen und Ursprung der Violett- bzw. Blaufärbung natürlicher Steinsalzkristalle (mit 13 Abbildungen) MIR Nr. 474, 33 Seiten. S 10.50

GPSR Compliance
The European Union's (EU) General Product Safety Regulation (GPSR) is a set of rules that requires consumer products to be safe and our obligations to ensure this.

If you have any concerns about our products, you can contact us on

ProductSafety@springernature.com

In case Publisher is established outside the EU, the EU authorized representative is:

Springer Nature Customer Service Center GmbH
Europaplatz 3
69115 Heidelberg, Germany

www.ingramcontent.com/pod-product-compliance
Ingram Content Group UK Ltd.
Pitfield, Milton Keynes, MK11 3LW, UK
UKHW021929190726
13853UKWH00002B/946

* 9 7 8 3 6 6 2 2 3 4 5 9 4 *